中国专利制度的有效性：
理论与经验分析

蒙大斌 著

南开大学出版社
天　津

图书在版编目(CIP)数据

中国专利制度的有效性：理论与经验分析 / 蒙大斌著.
—天津：南开大学出版社，2016.3
ISBN 978-7-310-05074-1

Ⅰ.①中… Ⅱ.①蒙… Ⅲ.①专利制度－有效性－研究－中国 Ⅳ.①G306.3

中国版本图书馆CIP数据核字(2016)第042413号

版权所有　侵权必究

南开大学出版社出版发行
出版人：孙克强
地址：天津市南开区卫津路94号　邮政编码：300071
营销部电话：(022)23508339　23500755
营销部传真：(022)23508542　邮购部电话：(022)23502200

*
天津泰宇印务有限公司印刷
全国各地新华书店经销
*
2016年3月第1版　2016年3月第1次印刷
230×160毫米　16开本　12印张　2插页　170千字
定价:26.00元

如遇图书印装质量问题，请与本社营销部联系调换，电话:(022)23507125

摘　　要

专利制度的功能和绩效一直是存在巨大争议的问题。学术界大致上存在三种论点，分别是：专利制度的"有益论""有害论"与"无用论"。"有益论"强调专利制度激励创新，信息披露、质押融资与促进技术交易等职能；"有害论"则认为专利制度是企业打压对手建立竞争优势的工具，对技术创新会产生阻塞效应；而"无用论"则认为专利制度对创新成果的保护作用可以忽略不计，创新收益回报的其他机制才是最重要的。

针对当前争论，本书提出"专利制度有效性的情境主义"假说，认为专利制度是否有效，取决于专利制度固有的内在矛盾与外在的经济环境相互作用。固有的内在矛盾是指，专利制度的功能不一而足，对技术进步的作用既有有利的一面，也有有害的一面，人们利用专利的动机复杂多样，政策制定者往往顾此失彼；而经济环境是指创新能力、技术发展模式、国家的开放程度、市场竞争和科技政策等。因此，在不同的时机、不同的条件下，应该设计出具有适应性的专利制度，发挥特定的功能，来促使专利制度发挥积极正面的作用。

在这样一种理论假说的前提下，本书围绕"制度特点—行为动机—功能绩效"的分析主线，较为细致地对中国专利制度的有效性进行了分析。

首先，从广义上揭示了专利制度的政策工具，这些政策工具是导致专利制度差异性的直接原因。其次，对中国专利制度进行了国际比较，揭示出在不同的经济环境下，差异性的专利制度所实现的差异性的功能目标，提出专利制度的适用性理论。接下来，归纳了中国专利制度促进技术进步的四种作用机制，即激励逆向工程、促进技术交易、实现模仿创新与完成资源在公共研发部门的配置，并且借用主观博弈论的分析框架，分析了这四种作用机制的实现方式。最后，分析了当前中国企业的实际情况与创新环境，认为必须对专利制度进行科学的设计和管理，才能满足企业进一步创新发展的诉求。

为了支持上述的理论分析，本书设计了若干的经验研究。第一，初步地判断中国专利申请的动机，通过计量回归发现，造成中国专利爆炸式增长的原因是：政策优惠获取的需要，专利立法与执法的加强，富饶的技术机会，科技投入的加大与外国在华专利的刺激。中国专利申请的动机具有多元性，但是专利数量的增多，并不说明中国的创新能力的大幅度提升。第二，采用协整与格兰杰因果检验的方法，从整体上验证中国专利制度对中国全要素生产率影响的若干机制。结果表明，中国特色的专利制度在中国技术追赶过程中发挥了积极的作用。第三，从产业异质性的视角对专利制度的有效性进行实证分析，采取面板变系数模型检验中国专利制度对于不同行业部门技术进步的影响。研究结果发现，中国专利制度对大多数行业的全要素生产率存在显著为正影响，但专利制度的有效性问题还没有在行业层面很好的解决。

鉴于大量外国专利的存在，本书专门剖析了外国在华专利对于中国技术进步的复杂影响。研究发现，外国在华申请专利的动机有所转变，从开始的促进技术转移，演变到以多种专利战略手段获取竞争优势，进而达到封锁技术和垄断市场的目的。笔者采用时变参数的状态空间模型检验外国在华专利的影响，研究发现：在1992年以前外国在华专利显著地促进中国全要素生产率的进步，但是这种效应逐步减弱，在1996年以后，外国在华专利却产生了显著的负影响。

为了支持计量分析的结果，笔者通过企业座谈与调查问卷的方式，进行具体的案例分析。文章选取了电子信息行业作为研究对象，电子信息行业是专利数量最多，并且专利动机最多样、最复杂的行业，几乎涵盖了专利制度的所有功能。调研发现，虽然中国专利制度在电子信息行业发挥积极的作用，但是还不能够胜任促进国内企业形成的竞争优势重任。当前中国专利制度设计不合理，效率低下，成本过高，不利于企业的专利竞争与合作，换言之，无法促进电子行业全要素生产率的进一步提升。

综上分析，本书认为，中国专利制度改革的思路是：利用多个政策变量将倾向于技术扩散机制的专利制度转向倾向于技术创新机制的专利制度。同时，专利制度体系的设计与执行应该进一步精细化与差异化。精细化是指必须要甄别专利制度所带来的各种的正面效应与负面效应，并且配合其他辅助的制度与政策，做到趋利避害。差异化是指专利制度体系应该更具有针对性，分别针对不同行业部门或者不同国籍的创新发明，行业层面应该突出重点行业，国家层面应该支持本土创新。

目 录

第1章 导 论 ·· 1
  1.1 研究背景、问题的提出与选题的意义 ·· 1
  1.2 相关概念的界定 ··· 5
  1.3 研究的思路、方法与创新点 ·· 9
  1.4 基本架构与篇章安排 ··· 11

第2章 文献综述 ·· 14
  2.1 专利制度的"有益论" ··· 15
  2.2 专利制度的"有害论" ··· 18
  2.3 专利制度的"无用论" ··· 22
  2.4 文献评论与专利制度的情景观 ·· 24

第3章 中国专利制度的实施与效果 ·· 28
  3.1 初步的经验观察 ·· 28
  3.2 中国专利数量剧增的决定因素 ·· 37
  3.3 经验诊断与结论 ·· 45

第4章 中国专利制度有效性的理论分析 ······································ 55
  4.1 专利制度的政策工具与目标 ·· 55
  4.2 中国专利制度的有效性评价 ·· 65
  4.3 专利制度下的相互博弈与技术进步的实现 ····························· 78
  4.4 专利制度与中国技术创新目标的变化 ··································· 88

第5章 中国专利制度有效性的经验分析 ······································ 94
  5.1 中国专利制度与全要素生产率关系 ····································· 94
  5.2 分行业检验：产业异质性视角 ··· 105

第6章 外国在华专利与中国技术进步 ······································· 119
  6.1 外国在华专利影响机制的理论分析 ··································· 119
  6.2 外国在华专利"扩散效应"抑或"阻塞效应" ······ 122

	6.3 计量模型设定、数据与结果 …………………………… 128
第 7 章	案例分析：专利制度与电子行业进步 ……………………… 135
	7.1 电子行业专利活动概况 ………………………………… 135
	7.2 研究设计与分析 ……………………………………………… 138
	7.3 个案分析：华为技术 ………………………………… 145
第 8 章	结论与政策建议 ………………………………………… 150
	8.1 研究的主要结论 ………………………………………… 150
	8.2 改革思路与政策建议 ………………………………… 152

附录 …………………………………………………………………… 159

参考文献 ……………………………………………………………… 166

后记 …………………………………………………………………… 183

第1章
导　论

本章首先介绍专利制度的研究背景，提出一些关键性的问题，阐明这项研究工作的意义；其次，对重要的概念进行严格界定；再次，明确本书的研究思路、研究方法以及创新点；最后，对本书的结构和篇章安排做简要介绍。

1.1 研究背景、问题的提出与选题的意义

1.1.1 研究背景

改革开放以来，中国凭借劳动力便宜的优势融入全球产业价值链，通过引进外资和进口高端设备来获取技术，出口初级制造的产品，实现了30多年的高速经济增长，这被称为"出口导向型"的发展模式。"出口导向型"的发展模式虽然使中国经济得到了一定的发展，但是同时也造成了中国产业被压制在低端加工制造环节。由于日益严重的能源需求、资源约束与环境问题，中国经济进一步增长前景日趋恶化。

著名经济学者吴敬琏（2001）指出：如果想要改变目前的现状，实现经济的可持续发展，就必须推动经济增长方式的转变，由要素投

入驱动转向技术创新驱动。在经济增长方式转变过程中，有两个因素最为重要：一个是技术创新因素，一个是制度创新因素，而制度因素重于技术因素。与此同时，近些年来发展起来的内生经济增长理论表明：技术创新是一个内生的经济变量，技术创新水平内生于经济发展程度[①]，反过来又是经济发展的根本动力；而根据制度经济学的理论认为，制度创新从根本上改变经济主体的各种决策，成为推动技术创新的一种最重要的力量。

知识产权制度既涉及了技术因素，也涉及了制度因素，是影响中国经济增长方式转变的重要因素。2008 年，中国国务院正式颁布实施《国家知识产权战略纲要》，将知识产权保护提升到国家战略层面，试图依靠强有力的知识产权保护，来驱动创新、实现经济增长方式的转变。如果说，技术创新是经济增长方式转变的根本动力，那么知识产权制度就是推动技术创新的有力保障。在所有的知识产权制度之中，最重要的当属专利制度[②]，同时对专利制度的争议也是最大的。一般认为，专利制度为创新活动提供了一种很好的补偿机制，克服了知识外部性带来的市场失灵，从而成为激发企业技术创新的关键诱因。

然而，问题却并非如此简单。大量的理论研究与经验证据表明，专利制度影响技术变革与经济发展的过程和机制是十分复杂的。与人们常规的认识不同，刊载于国际权威杂志的一系列理论研究认为专利制度没有或者很少促进了创新，专利保护甚至还会对创新产生负面的作用（Bessen 和 Meurer，2008；Moser，2005；Lerner，2009）。经验分析结果令人非常困惑：为什么在一些国家专利制度对技术变革和经济增长产生积极正面的效果，而在另一些国家专利制度的表现却不尽人意？

经过多年的发展，中国已经发展成为"专利大国"。在 2011 年，

[①] 卢卡斯在 1988 年提出的人力资本的内生增长模型，说明人力资本投资水平稳态的确定依赖于经济的各项参数；罗默 1999 年提出的知识积累的内生增长模型，认为知识积累的投资也内生于经济发展的程度。

[②] 中国与知识产权保护相关的法律主要有四部，分别是：《专利法》《著作权法》《商标法》与《反不正当竞争法》。《反不正当竞争法》为保护商业秘密而设定。

中国国家知识产权局受理发明专利申请 52.64 万件，同比增长 35%，专利申请首次跃居世界第一位[①]，授权发明专利为 17.21 万件，位居世界第二；2011 年，在 PCT[②]国际专利申请受理方面，中国国家知识产权局为 1.7471 万件，为世界第四。可以看出，在专利数量方面，中国已经和世界创新强国齐头并进。

1.1.2　问题的提出

实际上，"专利大国"并不等于"创新强国"。我们不禁要问，中国在创新能力远远不及美日欧等发达国家的情况下，为何专利数量却能与之旗鼓相当？在专利制度的有效性饱受质疑的情况下，如此庞大的专利数量对于中国来说到底是福还是祸？中国作为后发的新兴国家，在技术追赶过程中，专利制度扮演着一个什么样的角色？当前，中国的专利制度究竟会对企业技术进步产生什么样的影响？中国的专利制度应该朝着什么方向变革？显然，这些问题对于中国成功的实施国家知识产权战略，实现经济转型是至关重要的。

本书的研究主题是中国专利制度和技术进步之间的复杂关系。围绕这个主题，主要涉及如下几个方面的内容：首先，从专利制度的广泛的政策变量中，揭示中国专利制度体系各个环节的特点，探讨中国专利制度和外国专利制度的差异。其次，研究专利制度促进中国技术追赶的机制，即中国专利制度通过政策变量的设计，导致了企业何种专利行为，这些行为对中国整体的技术进步是否是有益的，并且在理论上解释这些机制的成因。再次，分析当前经济环境和企业创新能力发生变化的情况下，现有专利制度是否能够进一步促进中国技术发展。最后，基于不同行业、不同企业、不同国籍的差异性，分析中国专利

[①] 数据来源于中美欧日韩五大知识产权局联合公布的《世界五大知识产权局年度统计报告（2011 年）》。

[②] PCT 专利合作条约是英文 Patent Cooperation Treaty 的简称，是继巴黎公约之后专利领域的最重要的国际条约。该条约于 1970 年 6 月 19 日由 35 个国家在华盛顿签订。1978 年 6 月 1 日开始实施，现有成员 60 多个，由总部设在日内瓦的世界知识产权组织管辖。

制度的适应性,以此来揭示中国专利制度的有效性。

有几点原因使得这些问题要远比人们想象中复杂:

第一,专利制度本身的功能和绩效就存在着巨大的争议。多数研究者往往只强调专利制度功能一个方面,而没有把多种功能综合起来进行研究。第二,专利制度扮演的角色也会随着中国经济环境的变化而变化,从而对专利制度的有效性就不能用一成不变的观点去认识。第三,技术是异质性的,企业是异质性的,行业是异质性的、经济体也是异质性的,而专利制度只有一套,这些差异使得专利制度发挥的功能复杂多样,不易识别。现有的研究当中只能考虑较为有代表性的技术、企业和行业,而没有考虑异质性的技术、异质性的企业与异质性的行业。

1.1.3 选题的意义

当前,中国专利制度的建设与企业专利战略的实施,都是亟待解决的问题。在宏观层面上,中国专利制度和政策制定,既缺乏理论方面的指导,又缺乏实践经验的支撑,使得专利制度的设计还存在着诸多的问题。在企业微观层面上,由于中国的专利制度的建立与变迁具有外生性[①]特点,中国的本土企业对于专利制度的运用还欠缺经验。然而,不乏一些优秀的企业已经适应并且成功运用了中国的专利制度,推广这些经验对于中国企业构筑竞争力,无疑是非常有意义的。

具体而言,本书对于中国专利数量激增原因的分析,能够了解企业申请专利的动因,为政策制定者了解专利制度运行提供现实的依据,以解决当前所暴露出来的问题;对于中国专利制度各个政策工具的国际比较研究,能够使人们明了中国专利制度利弊,为中国专利制度进一步改革提供思路;对中国专利制度在后发追赶中的机制研究,能够为

---

① 中国专利法的起草和变革是移植或者借鉴外国专利法律,重点参考了日本的专利制度,并且是在国外利益集团的压力下制定的。

世界其他发展中国家提供借鉴的经验；对外国在华专利影响的研究，能够让政策制定者趋利避害，合理地处理外国在华专利；有关电子行业的案例研究，可以为企业制订专利战略提供宝贵的经验。

1.2 相关概念的界定

1.2.1 专利的定义与特征

一般而言，"专利"主要是指专利权人对某一项发明创造所拥有的独享权益。[①]日常生活中人们所指的专利，又指新发明或者新技术。鉴于此，本书对专利采取两个维度含义：既是指新发明专有的独占权益，也就是专利权；同时又指取得专利权的新发明和新技术。

专利权是专利的第一个维度含义。专利权是专利法上权利的简称，即由国家机构依照法律规定，授予特定的人对其发明创造，在一定时期内享有的独占权。需要强调指出的是，专利权既具有一般的产权特征，也有其特殊性。这具体表现在以下几个方面：第一，专利的作用对象是新技术、新发明。由于知识具有非竞争性和非排他性的特点，够不上严格意义上的经济物品，因此需要法律保护，确定其产权地位。第二，专利是可执行的权利。这是在执行层面，技术信息具有无形性和不易控制性等特点，这使得对技术的侵犯更为简易和隐蔽。因此，专利只有通过国家法律的有力执行才能加以有效保护。第三，专利权是一种财产权。它是对技术信息的禁止和允许的一组权利，包括占用、使用、收益和处分的权利[②]。

[①] 最初"专利"是中世纪的英国君主用来颁布某种特权的证明，英文原意为"公开的信件"或"公共文献"，后来指英国国王亲自签署的独占权利证书。

[②] 对于专利权而言，最为重要的是转让权和许可权。因为转让和许可的前提是要对专利权的状态进行明晰的划定，如果转让和许可权的执行没有问题，其他有关使用和收益的权利更能得到保障。

专利的第二个维度含义是指获得专利权的新技术或者是新发明。众所周知,中国的专利技术分为三种,即发明专利、实用新型和外观设计。发明专利是指对技术、产品或者工艺流程所提出的新的方案。发明专利要求其必须是前所未有的、独创的和实用的技术或方法,它在三种类别的专利之中技术含量和价值最高,因此在中国发明专利的保护期限为20年。实用新型是指对产品的外在形状或者构造而提出的实用的新技术方案①,这种技术方案通常不需要根本性的技术原理,实用新型专利权的保护期限为10年。外观设计②是指对产品色彩、形状或者图案所做出的新设计。这种设计只涵盖于产品的外在,通常兼具审美价值和实用价值。大多数外观设计的产品只注重外表的装饰性或艺术性。外观设计专利可以是平面图案,也可以是立体造型,或者是二者的结合。外观设计在中国的保护期限也为10年。

1.2.2 专利制度的概念与内涵

从"狭义上"讲,专利制度就是指专利法。然而我们不难发现,除了专利的法律体系之外,专利制度还包括一整套的行政体系、司法体系、管理体系与服务体系,这些共同构成了"广义上"的专利制度。因此,综合起来看,专利制度是一种利用多种手段,其中包括法律的、行政的和经济的,保护发明人创新成果与权益,激励创新和研发,以此来促进整个经济社会技术发展的知识产权制度。

具体来看,中国的专利制度的法律法规包括:《中华人民共和国专利法》《中华人民共和国专利法实施细则》《专利审查指南》、地方性法

---

① 实用新型与发明的不同之处在于:第一,实用新型只限于具有一定形状的产品,不能是一种方法,例如生产方法、试验方法、处理方法和应用方法等,也不能是没有固定形状的产品,如药品、化学物质、水泥等;第二,对实用新型的创造性要求不太高,而实用性较强,人们一般将其称为小发明。

② 外观设计与实用新型都可以涉及产品的形状,但不同的是,实用新型是一种技术方案,它所涉及的形状是从产品的技术效果和功能的角度出发的;而外观设计是一种设计方案,它所涉及的形状是从产品美感的角度出发的。

规、以及各级政府的相关政策；中国的专利管理机构包括：国家知识产权局、各省市自治区知识产权局、各县知识产权局；专利服务体系包括：专利文献服务机构、维权援助机构、专利代理机构、律师事务所；而司法体系包括：最高人民法院、高级人民法院、指定中级人民法院。

专利制度除了存在于一个国家的内部之外，国际上还存在一些专利合作条约，它们可以看成是超越国界的专利制度。迄今为止，世界上已有 150 多个国家或地区建立与实行了专利制度，并且积极地参与国际的专利合作条约。通过平等相待，专利合作条约以各国的专利制度为基础，使得各国企业在世界范围内享有专利保护。目前，存在三个影响较大的国际专利合作条约，分别是《巴黎公约》[①]《专利合作条约》[②]与《TRIPs 协议》[③]。它们都是国际专利制度的重要组成部分。

1.2.3 专利制度有效性的界定

从创新政策的角度看，专利制度意在促进创新的私营部门和发明家从自己的发明中获利，从而实现产权激励，以促进技术创新。中国《专利法》明文规定，中国专利制度的目的是：促进科技技术的进步与创新。简而言之，专利制度有效性就是指其最终是否能够持续地激发创新活动。

但是，专利制度在促进创新的同时，也存在着抑制技术扩散的负

---

① 以法国为首的十多个国家在 1883 年为了解决工业产权的国际保护问题达成了《巴黎公约》，开创了专利法国际协调的先河。《巴黎公约》的成员国已经从最初的 11 个增加到 160 多个。
② 在 1970 年，以美国为代表的多个国家缔结了《专利合作条约》，成为在专利领域进行国际合作最具有意义的进步标志，内容涉及专利申请的提交、检索、形式审查以及技术信息的传播等程序问题。
③ 在 1993 年，关贸总协定的第八轮谈判通过了《TRIPs 协议》。许多国家将《TRIPs 协议》的谈判作为促进技术创新和促进对发展中国家的技术转让和引进外资的必要条件，并认为无论是发达国家和发展中国家的人们都能够受益于知识产权保护，从程序和实体两个方面实现了知识产权保护规则的一体化。

面作用。专利制度的设计者试图微妙地权衡奖励创新与限制访问知识,寻求最佳的效果。而且,随着科学技术发展和专利政策的演变,利用专利的动机也变得复杂多样,涵盖了激励创新、促进技术交易、完成模仿创新、实现政策获取,以及构造竞争优势(Lai,1998;Taylor,1993;Zigic,1998;Maskus,2000),等等。

鉴于专利制度所发挥的多种功能,我们认为专利制度的有效性的衡量指标应该是技术进步。技术进步能够综合考虑专利制度的正面效应与负面效应,直接效应与间接效应。换言之,如果专利制度是有效的,则说明它对于一个国家或地区的技术进步具有积极的影响,反之,如果专利制度是无效的,则说明它对于一个国家或地区的技术进步具有负面的影响。通常,技术进步的综合量化指标是索洛(1957)提出的全要素生产率(Total Factor Productivity,TFP)。[①]

全要素生产率(TFP)是指"一定时间内投入与产出的效率"。[②]全要素生产率的来源非常广泛,包括技术创新、管理创新、工艺创新和专业化等。通常情况下,全要素生产率是分析经济发展的重要工具,是政府制定、实施和评估各项经济政策的重要依据。所以,本书将全要素生产率作为专利制度有效性的指标,这可以涵盖专利制度的各种直接效应与间接效应,正面效应与负面效应,强力效应与微弱效应。专利制度是否有效,以及在何种程度上有效,都可以最终体现在全要素生产率这个指标上来。很显然,全要素生产率这一指标为本书的理论分析和经验分析提供了清晰有力的工具。

---

① 1957年索洛在其增长核算方程中发现了不能以要素投入解释的残余项,经研究命名为全要素生产率(TFP),也称为技术进步。

② 全要素生产率是衡量单位总投入的总产出和生产率指标,产出增长率超出要素投入增长率的部分为全要素生产率增长率。

1.3 研究的思路、方法与创新点

1.3.1 研究思路

本书在"制度特点—行为动机—功能绩效"的框架下,探究了专利制度和技术进步之间的联系。专利制度对人们的行为进行激励和约束,不同的专利制度会引致不同的经济行为。我们首先要弄清不同的专利制度的差异性体现在哪些方面,然后探究不同的专利制度如何导致不同的行为动机,最后分析这些行为动机会产生什么样的经济效果。

在这样的框架下,我们进行进一步的理论探索,将专利制度视为博弈中的规则,分析政策制定者和市场的行为者在信息不对称情形下的主观博弈,以此来探究专利制度发挥功能的机制。专利制度的设计要考虑人们的多样化动机,如果制度不能准确约束与激励人们的行为,那将会产生负面的效果,专利制度就是无效甚至是有害的。同理,如果政策制定者对制度进行强制性改变,人们的行为动机也必须发生相应的改变,以达到专利制度理想的绩效。

重要的是,我们注意到专利制度的设计,企业行为的引导,与政策目标的实现是一个变化的过程,在不同的经济环境下,在不同的发展阶段需要设计出具有差异性的专利制度,以最有效地促进经济发展。本书将贴近中国的实际情况,分析中国的专利制度是如何发挥作用的,当前中国的专利制度是否能够满足企业进一步技术创新的诉求。

1.3.2 研究方法

本书拟借鉴制度经济学、行为经济学,知识产权经济学、技术经济学、管理学、计量经济学等学科的原理,对现有研究成果加以整合、提升,结合我国实际,系统地分析论证中国专利制度的有效性。主要采取如下的研究方法:

1. 行为经济学的研究方法

本书采取行为经济学的方法论研究问题。主流的新古典经济学不断受到这些"真实世界经济学"的挑战。尤其是行为经济学与进化论经济学的异军突起。近些年来,经济学的研究主题,逐渐由价格机制下的资源配置问题转向直接研究人与人之间的关系。我们认为,随着中国经济的发展变化,专利制度的作用也会出现变化,具体的理论模型很难捕捉到全部的关键信息,因此,需要从人类行为的视角,用动态的、变化的、发展的经济学方法论诠释中国专利制度。

2. 定性分析与定量分析相结合的方法

本书的定性研究主要是指文献理论研究、实际理论探索和具体的案例分析。通过对现有文献比较与综合,形成对专利制度有效性的理论认知。然后具体应用于中国实践,来解释中国专利制度在过去是如何发挥作用的,以及应该如何改革以适应新的形势,并且通过案例分析来支持我们的论点。定量研究是指调查研究、统计分析与计量回归。本书通过理论研究与经济观察提出研究假设,并设计调查问卷采取经验数据。数据处理主要采用相关分析、回归分析、结构方程等经济计量方法,验证理论分析中所涉及的研究假设。

3. 采取实证与规范的分析方法

坚持"一切从实际出发"的原则,来源于中国的实践,经过分析提炼,再去指导中国实践。绝不盲目套用国外的理论模型与经验模型,现有的研究方法是静态的,无法用于分析技术发展的动态趋向,笔者也对其进行了一定的改进,使其适应本书的研究思路。比如,我们采用面板变系数计量模型研究专利制度有效性的行业差异,我们采用时变参数的状态空间模型来研究外国在华专利随着时间变化的影响。同时,文章也采用了带有价值判断的规范的研究方法,以便提出更加合理的意见。

1.3.3 本书的创新点

本书主要的创新之处在于:

第一，我们对专利制度有效性的各种理论进行比较与综合，对其争议进一步进行剖析，建立起"专利制度有效性的情景主义"假说，并且努力实现这种理论假说内在逻辑上的统一。建立起这样的理论框架为我们对中国个案的分析打下了理论基础。

第二，研究探讨中国专利数量剧增的真实原因，对中国专利制度的功能进行初步的诊断。我们认为，中国企业申请专利的动机具有多样性，并且在中国特定的经济环境下有其自身独到的特点。

第三，通过专利制度诸多政策变量的甄别，认识不同专利制度体系的细微差异，特别地，揭示出中国专利制度体系的特点。不同于狭义上的专利长度和专利宽度，我们所提出的专利制度广义上的政策工具能够描绘出整个专利体系及其功能。从而能进一步比较各国专利制度体系的差异及其影响。

第四，从理论上揭示专利制度在中国后发追赶过程中的作用机制，并且通过人与人之间的相互博弈揭示出这些机制的实现方式。通过考察当前的经济环境与前瞻中国的技术创新目标，指出中国现有的专利制度需要进一步的改革，以促进中国的技术进步。

第五，对中国专利制度有效性进行了实证检验，并提出了相关建议。在情景主义假说的基础上，研究了中国的专利制度是如何通过各个政策变量来实现专利制度的有效性的，并且利用数据从整体性、行业差异、国别差异等不同角度对中国专利制度的有效性进行了实证检验，并就中国专利制度设计提出了新思路与建议。

1.4 基本架构与篇章安排

1.4.1 研究流程与基本架构

基于上述研究的主要思路与内容设计，我们将本书的研究流程与基本逻辑框架通过下面的技术路线图予以概括，如图1-1所示。

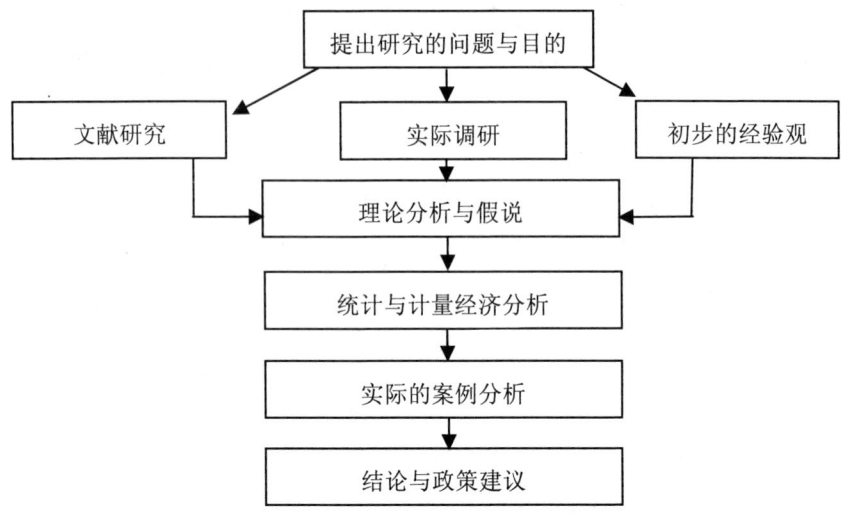

图1-1 研究流程与技术路线图

1.4.2 篇章安排

本书的结构如下：

第1章为导论。

第2章是文献综述。对专利制度有效性的讨论进行了介绍与分析，指出当前研究的不足，以期对专利制度有更为全面的认识。在对前人研究成果进行比较与综合的基础上，提出本书理论分析的框架。

第3章分析了中国专利制度变迁的过程、动因以及它所带来的效果。在这一章，解释了中国专利数量爆发的原因所在，对中国专利申请的动机进行初步的经验判断。研究认为，中国专利爆炸式增长的原因在于：政策获取的需要，专利立法的完善与执法的加强，富饶的技术机会，科技投入强度的加大与外国在华专利的刺激。之后，采用经验量化的模型进行分析，以验证提出的理论假说。

第4章对中国专利制度促进技术进步的机制进行理论分析。首先，从广义上解释专利制度的政策工具，将专利制度划分为两种极端情形：一种是利于知识扩散的专利制度体系，另一种是利于技术创新的专利制度体系。然后对比国际专利制度，揭示出中国专利制度的特点，进一步，具体地阐述了专利制度在中国后方追赶过程中所发挥的作用机制。利用主观博弈论分析方法论述了这些机制是如何实现的。最后，指出当前中国的专利制度对于自主创新的影响，强调中国专利制度必须顺应经济发展的需要，适时进行变化。

第 5 章是理论假说与计量结果分析。根据前面专利制度有效性的理论分析，建立了一些假说进行计量检验。这部分工作从整体和行业两个层面展开。整体上，探讨发明专利、实用新型专利与全要素生产率三者之间的关系，建立向量自回归（VAR）模型来探讨它们的因果关系。另外，在充分考虑行业异质性的条件下，建立面板变系数模型分析中国专利制度对于不同行业全要素生产率的影响。

第 6 章分析了外国在华专利对于中国技术进步的影响。现有的研究成果，对于外国在华专利的功效有很大争议，一些研究成果认为外国在华专利促进了技术的扩散，另一些研究成果则认为外国在华专利阻碍了国内的自主创新。本书认为，在时间维度上外国在华专利所发挥的作用是变化的，逐步由扩散效应转变为阻碍效应。在这一部分，本书建立时变参数的状态空间模型，检验在不同时间段，外国在华专利对于中国全要素生产率的影响。

第 7 章是案例分析。通过实际考察与调研，研究中国专利制度对电子信息行业的作用机理，分析了电子信息行业中企业利用专利制度的行为动机，以及企业对现行专利制度的态度，并且将华为技术作为企业个案，探究其应用专利制度的成功经验。

第 8 章是结论与政策建议。对全书的研究结论进行了总结，其中包括理论上的和经验上的。从本书的分析结论中引申出中国专利的改革思路，并且提出若干具体的政策建议，抛砖引玉，供政策制定者参考。

第 2 章
文献综述

近些年来,学者们的研究重心不再是专利制度是否有效这一核心问题,而是在假定其有效的情况下,利用专利长度和宽度等变量进行最优专利设计。实际上,这个假设前提并不一定成立,专利制度的功能和绩效是存在巨大争议的,笔者将其归纳为专利制度的"有益论","有害论"和"无用论",如图 2-1 所示。

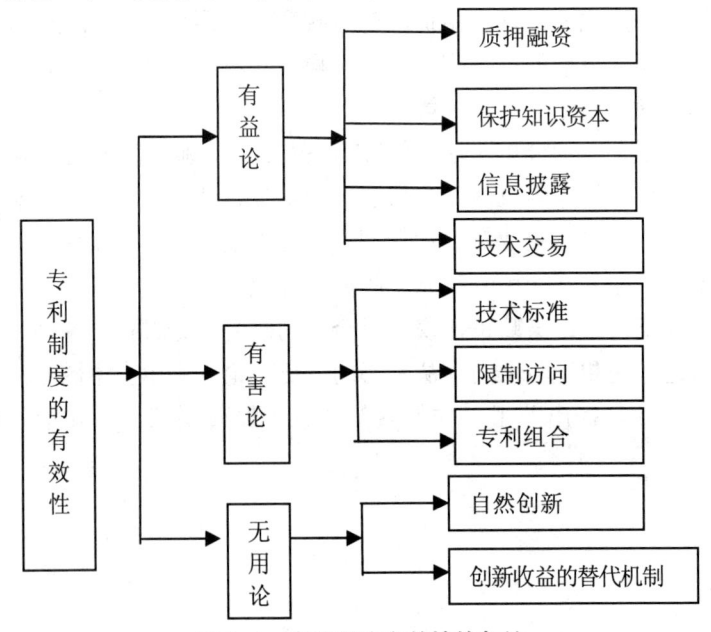

图 2-1 专利制度有效性的归纳

第2章 文献综述

2.1 专利制度的"有益论"

一些学者的研究认为,专利制度是"有益的"。他们强调专利制度的四大基本职能:保护知识资本、信息披露、质押融资与促进技术交易。在此基础上,应用新古典经济学的分析方法进行最优专利制度设计,同时探讨了开放条件下与不同发展阶段国家的专利制度设计问题。

2.1.1 专利制度的四大基本职能

早在19世纪初,Clark(1907)就提出以专利法律来保护知识资产是必须的,可以为创新研发活动提供激励。Larry和Yu(2010)研究了美国的专利制度,认为美国专利保护的加强、国外专利保护的加强与TRIPS协议的签订都对美国特定行业的创新具有促进作用。Horstmann等(1985)与Eisenberg(1989)强调专利的信息披露职能[①],政府为创新者的发明创造提供一定期限的垄断保护,而创新者的义务是将这些新的知识和技巧进行充分的公开披露,期限过后,同行业者能够据此披露的信息进行模仿或者后续的创新。Engel和Radcliffe(1986)探讨了利用专利权为高科技企业融资的问题,专利权通过融资带来现金流,又使其成为专利产业化与商业化的一种方式。Fosfuri和Gambardella(2001)的研究指出专利还可以促成技术的市场交易,专利对无形知识资产进行产权确立与价格定位,并且以法律的形式进行保护,这就减少了技术的交易费用,专利持有者通过出售专利产权或达成许可协议的形式促成了技术的市场交易,有效地促进了知识的传播。

[①] 专利是世界上最大的技术信息源,据实证统计分析,专利包含了世界科技信息的90%~95%。

2.1.2 最优专利设计理论

1. 相关的理论研究

专利制度虽然有四大基本功能，但是专利保护同时也必然带来垄断的困扰。最优专利制度的设计理论就是权衡这种利弊的优化工具。专利制度的政策变量包括专利长度与专利宽度两种。①简而言之。专利长度是指发明创造受到法律保护的期限，而专利宽度是指发明创造避免侵权的认定范围。Nordhaus（1969）是研究专利长度的鼻祖，他主要的贡献在于，提出了当专利激励的创新收益与专利垄断造成社会福利损失在边际上相等时，专利长度是最优的。研究的假定条件和局限为：以工艺创新为考察对象，将创新定义为非重大发明，创新是研发投入的递增凹函数，完全竞争的市场背景，等等。后续的研究主要是突破这些局限，Loury（1979）、Dasgupta（1980）和 Lee（1980）等在 Nordhaus 的基础上，放宽假设条件，研究了不同市场环境下的最优专利长度的问题，创新风险、重大发明、不完全市场以及"周边发明"等因素会导致更长的专利期限。

非常具有讽刺意味的是，学术界对专利长度如此之重视，但现实中各个国家的专利保护期限都几乎保持不变②，事实表明，以期限为基础的最优专利研究并没有多少实践的意义。Mansfield（1981）和 Levin（1987）的调查研究指出，绝大多数专利技术在法定保护期内就被其他厂商模仿或者替代，变成了"过时"的技术。由此可见，给定专利保护期限已经足够大，专利产品被模仿程度才是决定专利保护强弱的最关键因素（寇宗来，2007）。因此，经济学家们在后来意识到了这个问题，开始重点转向专利宽度这一政策变量的研究。

在专利宽度的研究上，人们对于专利宽度的界定有很大差异。

---

① 专利的长度与宽度是学术上非常喜欢的两个政策工具，但是从广义上讲，专利制度的其他政策工具还包括专利申请标准、专利费、强制许可、诉讼成本、申请的优先权等。

② 大多数国家的专利保护期都是 15～20 年之间，中国的实用新型专利保护期为 10 年，而发明专利保护期为 20 年。

Klemperer（1990）认为，专利宽度是新技术与其他相近技术的差异化程度，他提出了一种最优的专利政策，主要依靠专利长度和专利宽度的组合，结论认为无穷的保护期限和尽可能小的保护宽度组合，或者尽可能小的保护期限和无限的保护宽度组合是最优的。而 Gilbert 和 Shapiro（1990）将专利宽度理解成为发明创造者在保护期限内获得的垄断利润，他们的研究结论表明，当社会福利损失是专利拥有者利润的递增凸函数时，最优的专利政策要求专利宽度充分窄而专利长度无限长。另外，Gallini（1992）持有一种流行的看法，他将专利宽度定义为其他生产厂商对专利技术进行非侵权模仿的成本，他的结论有所不同，认为专利保护期限应尽可能小，而专利保护的范围应无限大。

2. 相关的经验研究

Maskus（2000）的研究表明，过强保护的专利制度体系鼓励发明创新，但是却限制了知识的传播；然而，过弱保护的专利制度体系，因未能提供足够的创新回报而减少创新的投资。因此，在一定的市场条件下需要适当的平衡政策，这种平衡如果实现，专利制度便能以最快的速度促进技术进步。Eatont 和 Kortum（2002）用经验模型分析了专利制度的一些关键政策工具对于 R&D（研究与开发）投入的影响，认为消除专利保护会降低 R&D 投入与经济增长。Sakakibara 和 Branstetter（2001）实证研究了 1988 年的日本专利政策的改变带来的影响[1]，检验了日本专利保护的加强对于本国 R&D 投入的影响，结论认为先前的专利长度是最合适的，专利强度后续的加强，并没有增加日本的技术创新。Lerner（2001）收集了 60 个国家在 150 年里的数据，发现只有初始专利保护较弱的情况下，提高专利保护强度才会促进研发和创新；如果一个国家的专利保护已经很强，再进一步加强专利保护，不仅没有益处反而会对技术创新有害。

---

[1] 20 世纪 80 年代，迫于美国的压力，日本开始实行专利制度改革，加强专利保护强度，改革内容包括：扩大专利的保护范围、延长专利保护期、将单一索赔变成多索赔体系等。

2.1.3 开放条件下的专利设计

除了研究封闭条件下最优专利制度的设计问题，学者们还探讨了开放条件下的最优专利制度的设计问题。这些研究都是在"南—北"两国模型框架下展开的，它们共同的核心要义在于：最优的专利保护程度是与其经济发展水平相联系的。Chin 和 Grossman（1990）以及 Deardoff（1992）的研究认为，发达国家是创新的发起者，而发展中国家创新实力不足，是创新的跟随者，如果发展中国家增强专利保护的力度，不但不能激励本国企业创新，反而会阻碍他们模仿发达国家的技术，从而不利于经济发展，因此发展中国家最优的专利保护应该被限定在最低限度的保护水平。但是 Chen 和 Puttitanum（2005）认为，发展中国家既存在模仿发达国家的研发，也存在国内的自主研发，专利保护越弱则越有利于模仿，越强则越能促进自主研发，发展中国家应该随着发展阶段的不同，先降低专利保护，而后再提高专利保护。而 Grossman 和 Lai（2004）的模型更为有趣，他们考察了存在国家之间互动的专利保护的决定机制，国家之间的互动是一种纳什均衡结果，发展中国家需要一定程度的专利保护以促进研发和增长，随着市场规模的扩大和人力资本积累，就会制定更强的专利保护水平。

2.2 专利制度的"有害论"

专利制度的"有益论"认为，虽然从理论上讲可以通过权衡创新激励的收益与社会福利的垄断损失，寻求最优的专利制度设计。但是，从技术发展的角度来讲，专利制度的弊端是无法通过专利制度的政策工具进行规避的，只要存在着专利制度，对于技术进步来讲，就是有害而无益的。

2.2.1 专利保护与技术垄断

这种观点认为专利制度严重阻碍了技术创新。首先，是专利权的授予带来的垄断问题。专利竞赛理论认为，一个发明技术的专利权可以被视为一个奖品，先达者先得。与此同时，往往会有很多人做相似的研究，其他研究者的创新投入存在巨大的风险，同时专利竞赛也浪费了社会的资源，增加了社会为此付出的成本。另一方面，Nordhaus（1969）的模型中假设创新是非重大发明，Matutes（1996）认为如果创新是重大发明或者是基础性的创新，专利保护的效果又另当别论了。如果对基础性创新实行宽保护，那么意味着专利将对基础性创新所包含的思想、观念进行保护，会限制创新信息的流动。

近年来，技术竞争发展到高端形式，企业为使自己的技术成为标准而申请专利，进而达到垄断市场的目的。[①]Zheng Ying（2006）的研究指出，专利标准能够使新技术具有通用性和兼容性，一旦技术标准中引入某项专利技术，则所有使用该技术标准的企业都不能绕开该专利技术。如此，专利权人对行业的技术发展进行控制，从而确定在技术上的竞争优势。受技术标准的保护，专利权人往往不再有继续创新的动力。Hu Shuijin（2005）的研究发现，由于技术标准的普适性，技术标准一旦设定，会在很大的范围内得到应用，标准中含有的专利技术也将在技术标准应用的范围内被采用，此时，专利权人就可凭借技术标准而主张高价许可或是拒绝许可，极力扩张自己的私人利益，使技术标准成为其获利的工具，由此产生了技术标准限制竞争的垄断问题。一旦标准被采用，就意味着专利权人可以获取巨额技术许可收益，如果企业不出售专利，还可以通过技术标准形成网络效应和锁定效应，封锁其他竞争对手。

---

① 技术标准逐渐成为发达国家主导产业发展、保持技术优势的工具，当前国际产业竞争呈现出技术专利化、专利标准化、标准许可化的趋势。

2.2.2 累积创新与限制访问

技术创新可以分为离散创新和累积性创新。离散创新是指一项创新技术活动具有独立性，不受其他的创新制约和影响。累积性创新意味着任何厂商必须先完成先期创新，然后才能进行后续创新[1]（Green 和 Scotchmer，1995；Denicolo 和 Zanchettin，2002），后续创新必须以先期创新为基础。对于累积性创新而言，专利保护也可能阻碍进一步的创新，特别是当它限制访问基础知识时。Shalom 和 Deegan（2002）研究了专利制度对基因技术的影响，特别指出了专利保护限制访问基础知识，这在很大程度上阻碍了这一技术的持续发展。

无独有偶，Bessen 和 Hunt（2003）研究了专利制度对软件行业的影响，软件技术的创新具有累积性，尤其依赖基础性的发明，而对这些基础发明专利的授权可以阻止后续的创新。Bessen 和 Maskin（2000）的经验研究发现，IT 和半导体行业是过去几十年里最具创新活力的行业，发展非常迅猛，但在这两个行业并不存在非常严格的专利保护。Shapiro（2002）认为，专利制度的负面影响可能是专利持有人通过申请专利占据技术的关键位置，使得竞争对手遭受技术封锁。企业一旦获得了战略专利，将会创建一个长久的垄断，不利于市场的竞争与技术的进步。因此，可以看出，当技术发展具有累积性时，如果上游的创新成果受到过度的专利保护，那么，这种"限制性使用"有可能阻碍技术进步（Merges 和 Nelson，1990；Nelson，2004）。

2.2.3 专利组合与竞争优势

最先对专利组合进行系统性研究的是 Wagner，他在 2004 年的研

---

[1] 与离散创新不同，在累积性创新中，可分为两个或者多个阶段，先期创新对后续创新存在正外部性：先期创新可能是后续创新成功的基础，可能会降低后续创新的成本或减少研发时间。

第 2 章 文献综述

究成果中指出,专利作为企业构建竞争优势的手段有了新的表现形式,那就是形成了一系列专利组合[①]。专利组合的目的是有效保护组织内的核心专利以巩固核心技术,其他竞争对手想要对核心技术进行模仿却无从下手。按照定义来讲,专利组合是指在一个技术领域共享关键技术性特征的一系列单项专利集合。专利组合给企业带来的竞争优势是单项专利所无法比拟的。刘青林(2006)将其概括为四点:第一,通过尽量扩大专利保护范围来减少以后的内部创新,如专利回避设计等;第二,通过不断扩大排他权来吸引相关的外部创新成果加盟,如交叉特许、专利联盟等;第三,通过提高迫使假定原告退出市场的可能性来避免高成本的诉讼,即专利组合的威慑作用;第四,提高谈判位势,提高防御位势,提高专利政治方面的发言权,提高吸引资本的能力,等等。

专利组合是一种非常有效的竞争工具。在构建竞争优势的同时,也提高了市场进入的门槛,对后续公司的市场进入与后续创新造成了障碍。专利组合是一种反竞争的有力的武器,直接颠覆专利制度设计的原本意图。[②]在实证方面,Hall 和 Ziedonis(2001)发现在 1975 到 1995 年间,专利制度带来了专利数量的增多,但是却没有增加创新的 R&D 投入,主要的原因在于大型企业进行了专利组合的竞赛。Shapiro(2000)提出专利组合竞赛导致了一个产品的不同项目,出现了多个不同的专利权人,人们往往不能协调这其中的利益关系,增加了技术开发的交易成本。比如,在生物科技和半导体等复杂技术产业,一些创新项目因为与多个不同的专利所有者谈判失败而告终。企业通过"交叉许可"相互掣肘,进行交易来突破这些专利组合的封锁。从这一点

---

① 专利组合中的各项专利是具有明显区别但又具有相关性的。相关性是专利组合的一个重要特征,可能基于过程,也可能基于产品;关联性弱或无关联性的专利集合也可能会存在,但效果却非常小。

② 美国《知识产权许可的反托拉斯指南》列举了专利组合限制竞争的四种情况:(1)被用来实现公开固定价格、产量限制和市场划分;(2)减少相关市场上实际的竞争者或潜在竞争者间的竞争;(3)下述情况会排除其他企业加入,影响正常市场竞争:被排除在外的企业失去在相关产品市场上进行有效竞争的能力,专利组合成员在相关市场上具有垄断地位;(4)专利池阻碍或者阻止了其成员从事研发活动,妨碍了技术创新。

来看，专利组合能为创新者带来的是垄断租金，而不是创新租金（Cohen，2005）。

2.3 专利制度的"无用论"

还有一些学者认为专利制度基本上是多余的，主要论点有两个，其一是强调创新是自然发生的，不会受到专利制度的影响；其二是认为创新收益的其他替代机制是最重要的。

2.3.1 自然创新

新制度经济学代表人物诺斯（1974）认为，专利制度的建立提高了创新的私人收益率，推动了技术革新，并将英国的工业革命归功于专利制度。然而，Lerner（2002）最新的研究表明，当时的专利制度执行状况相当糟糕，根本不可能带来丰厚的创新回报，当时的技术进步主要是近代科学技术发展的必然结果。自1851年始，英国议会的一系列听证会显示，专利制度由于其高额费用和长时间的延期授权而难以发挥作用。在英国的国会上，许多发明者也在听证会上表明，如果完全没有专利制度的保护，将会更有利于创新。

这些观点的根源在于：创新的发生发展应该符合自然发现的客观规律，专利保护的激励效用无法改变创新的进程。Mansfield（1986）研究发现，专利保护对于至少四分之三的技术创新是不重要的，缺乏专利保护对于大多数行业的大多数企业的影响微乎其微。Boldrin和Levine（2008）的论点更加激进，他们认为专利制度在大多数产业的初创阶段和新产品层出不穷时期，都毫无建树，人类史上多数重大技术的革新都不依赖专利保护。

这些论点的证据来源于1851年英国的水晶宫博览会①。在博览会上，没有专利法的瑞士人均创新量居第二位②。另外一个没有专利法的国家是丹麦，百万人的展品数为37件，名次属于中上等。相比之下，1876年在费城百年博览会上，没有专利法的瑞士和荷兰名次相当高，远远超过了专利法国家的中等水平。但是，有无专利法也有相当大的区别，非专利法国家的发明主要集中在科学仪器和食品处理领域，而专利法国家的发明主要集中在机器制造上。水晶宫博览会上，荷兰在食物处理方面的发明占总创新的比重为11%，荷兰在1869年将专利制度废除，而在费城百年博览会上，这个比例上升到37%。Lerner（2002）集中对这一问题进行了研究，认为从拥有专利法到消除专利法，不会影响创新的进程，但是会导致创新结构发生剧烈的改变。

2.3.2 创新收益保护的替代机制

还有一些学者认为专利不是保护创新成果的最佳手段，其他的替代机制才是最重要的。Nelson和Winter（1982）从进化论的视角，证明了提前学习曲线、技术的复杂性和互补性资产等因素对于维持企业竞争力的决定作用，以专利为手段保护只能起辅助的作用，往往可以忽略不计。Cohen等（2000）分析表明，对于大多数行业而言，申请专利不是最佳的保护手段，而保密才是首选的保护方式。Arundel（2001）利用1993年CLS调查的欧洲国家2849家制造企业创新与专利方面的问卷统计数据，分析了企业规模与商业机密和专利的关系。结论认为，对于技术创新来说，不同规模的企业都认为商业机密比专利更重要，而且相对于大企业，小企业认为商业机密更重要。而对于研发强度在10%以上的小企业比其他小企业认为专利更为重要。Anton和Yao（2005）创立了一个很有趣的模型，主要解释了创新企业在不

---

① 水晶宫博览会是第一个世界性的发明家们交流的盛会。这次盛会吸引了大约600万参观者，参展国家25个加上殖民地15个，也是当时世界上最大的博览会。另外一个博览会是1876年的费城百年博览会，它吸引了将近1000万参观者，参展国家35个。

② 在水晶宫博览会上，瑞士的人均创新量为110件/百万人。

申请专利的情形下，如何通过技术保护和报复性威胁，来达到获取技术创新收益的目的。

诚然，专利在一些情况下也不是一种绝对占优的创新收益机制。其局限性主要表现在：其一，专利只能保护可编码的技术知识，不能保护缄默知识。因为，专利技术的知识必须能够明确地写入技术说明书，并且按照说明书实现。对于那些缄默知识，发明人由于无法对技术知识进行充分的描述而不能申请专利，同时也没有动力为自己的发明申请专利，因为缄默知识具有天然的自我保护性，发明人没有必要为取得专利而承担额外成本。其二，专利制度是一种事后补偿机制，在一些专利法执行不好的国家，这种补偿又难以保证。同时，专利制度也无法解决技术创新中的融资问题，对于那些缺乏事前资金的技术创新来说，需要其他的融资机制作为补充。

2.4 文献评论与专利制度的情景观

2.4.1 当前研究的不足

现有的研究至少有六大困惑或者不足，有待进一步分析：

困惑之一，专利制度到底是"有益的""有害的"还是"无用的"？尚无定论。关于专利制度无论是在理论上还是在经验研究上，都没有形成一个统一的意见，这本身就是一种缺陷。人们尚不能确切地知道专利制度到底会对一国的经济发展产生怎样的影响。即便是经济发达的国家，当前关于专利制度的有效性也还在争论当中。

困惑之二，各国专利制度设计的差异性体现在哪些方面？这些差异性是专利制度适应各国经济发展的关键因素吗？专利制度是一个从立法、行政到执法一套综合的体系，其中政策变量非常丰富。专利制度的设计是一个细微和具体的工作，现有的研究只是笼统的说明，发展中国家的专利保护要由弱到强，但是具体应该从哪些方面着手呢？

没有人细致地研究中国专利制度的特点，没有清晰地揭示出中国专利制度的重要特征，因此也就不能具体地判断中国专利制度是如何发挥作用的。

困惑之三，专利制度对于不同发展阶段的国家要一概而论吗？特别地，专利制度在发展中国家后发追赶过程中发挥作用的机制是什么？当前存在的主要问题是没有微观层面的证据证实现有的观点。专利制度在发展中国家的作用至今还是一个需要进一步研究的课题。

困惑之四，中国专利制度影响机制尚不清楚。虽然中国专利法历经三次修订，但是对中国专利制度有效性进行深入研究的文献还不多见。学者们主要集中关注中国专利总量的经济效应，而缺乏对机制的细致研究。[①]当前研究不清楚中国专利爆发的原因，沉醉于中国专利数量的剧增代表中国创新能力大幅提升的陈旧观念。虽然专利制度的建立与完善是中国专利爆发的原因，但是中国企业申请专利具有多元性动机，现有的研究并没有实际考察中国企业的真实动机。

困惑之五，中国专利制度所带来的负面效果体现在哪里？专利制度只对特定的行业有效，对一些行业是无效的，甚至会是有害的。西方学者已经证明专利效力有显著的行业差异，并在相关研究中常常把企业特征与行业情境因素分别作为专利申请动机和专利申请行为的前因变量，直接分析它们对专利申请动机或专利申请行为的影响，但在专利申请动机与申请行为、申请行为与企业绩效关系的相关分析中，却很少结合企业特征和行业因素进行研究，同时也缺乏中国情景的实证证据。这就不能为后续的专利制度改革提供意见。

困惑之六，没有区别本国企业专利与外国企业专利对一个国家技术发展的影响。首先，本国的企业与外国企业在各个方面都有一定的差异性，两者利用专利的动机也有所不同，外国企业专利可能有助于

---

① 比如，平新乔、尹静（2004），研究了我国 1993 年以延长专利保护时间为主的专利法修改、对专利申请量和 R&D 投资的影响。隋广军等（2005）使用 2000—2002 年我国 31 个省市的高技术产业数据，发现推动中国高技术产业发展的不是原创型技术，而是模仿型技术。赵彦云、刘思明（2011）考察不同类型专利对经济增长方式的影响，指出发明专利在 1997 年以前没有促进全要素生产率的进步，1997 年以后显著地促进全要素生产率的提升。

本国的技术进步,也有可能阻碍本国的技术进步,这其中需要哪些条件?现有的研究尚没有回答这个问题。中国涌入了大量的外国专利,实证研究这些专利经济效果的分析却没有展开。

2.4.2 比较与综合

专利制度"有益论""有害论"与"无用论",貌似针锋相对,细致比较起来,其实并不矛盾,各种观点强调的都是专利制度功能的不同侧面。其中一种可能是,专利制度具备其中一种主要的功能,其他功能确实是辅助性的,这可能导致专利制度是单一的性质,另外一种可能是专利制度的各个功能没有主次之分,只是在不同经济条件下,发挥得有所侧重。本书的观点侧重于后者。

本书认为,专利制度有效性的争论,实质上反映的是专利制度适用性的问题。如果专利制度的设计符合一个国家经济发展与技术进步的需求,那么表现出来的就是专利制度正面积极的效应;如果一个国家的专利制度设计不当,那么它所发挥出的作用可能就是负面消极的;如果一个国家的主流产业与技术并不是那么依赖专利保护,那么表现出来的可能就是专利制度的可有可无。

2.4.3 专利制度的情景观

笔者提出"专利制度有效性的情境主义"假说,认为专利制度有效性争论的根本原因是专利制度固有的内在矛盾与外在的经济环境相互作用的结果。固有的内在矛盾是指专利制度的功能不一而足,人们利用专利的动机复杂多样,政策制定者往往顾此失彼;而经济环境是指企业的创新能力、技术发展模式、国家的开放程度、竞争程度和科技体制等。在不同的时机,不同的条件下有必要设计出具有适应性的专利制度来实现专利制度的有效性。

在特定的情况下,企业的一些关键技术面临着被后来者模仿的可能性。如果没有专利保护,模仿者可以较为容易模仿成功,而产生差

第 2 章 文献综述

异性的技术,成为创新者平等的竞争对手。在这样的情况下,专利制度解决的是创新与模仿之间的问题。在另一些情况下,各个企业的实力相近,企业之间利用一些专利进行技术布局来封锁竞争对手,这样专利制度处理的是竞争与垄断的问题。此外,我们也不能否认专利保护在一些特定的技术发展过程中没有起到效果,这些都是在特定的情景下产生的。当然,专利制度的设计也会对企业的专利行为决策产生引导的作用。

第3章
中国专利制度的实施与效果

3.1 初步的经验观察

3.1.1 中国专利申请与授权数量变化

中国在1985年建立专利法，当年申请专利总计14372件，其中国内占比65%，外国在华专利占比35%；2011年中国总计申请专利1633347件，其中国内占比92%，外国在华专利占比8%，但是，这并不意味着外国在华专利被边缘化，恰恰相反，在技术含量最高的发明专利中，外国在华发明专利占中国总发明专利的比例为21%。

图3-1表示了1985年至2011年各年中，在我国国内三种类型的专利申请的年度申请状况。不难看出，中国国内专利申请总数量从1985年起初的9411件，一直到2011年的1504670件，平均年增长率22%。令人欣慰的是，中国专利申请量激增不限于实用新型和外观设计，发明专利也保持了同样的增长。进一步观察，我们发现在1992年中国第一次修订专利法，中国专利申请的速度有明显的增加，1992—2000年平均增速为20%。随着中国2000年第二次修订专利法，中国专利申请数量激增，最近10年平均增速为32%。

第3章 中国专利制度的实施与效果

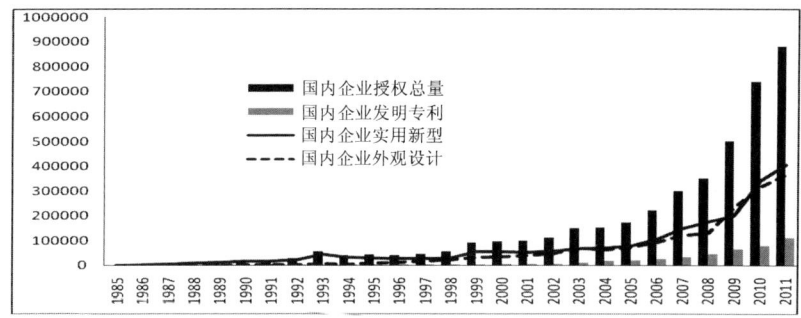

数据来源：国家知识产权局网站。

图 3-1 国内企业专利申请数量

专利申请反映了人们利用专利制度的意愿，而专利授权在一定程度上反映了新技术的发展情况。不仅是专利申请，在专利授权方面，中国国内企业也有了长足的进展。从图3-2的专利授权来看，1985年中国国内企业授权专利数量仅111件，截至2011年中国授权专利数量为883861件，平均年增长率为41%。2011年中国专利授权量世界排名第三。国内授权专利数也是从1992年第一次修改专利法开始显著增长，2000年第二次修改专利法以后更为明显。经我们测算，中国国内企业的平均授权率为54%。

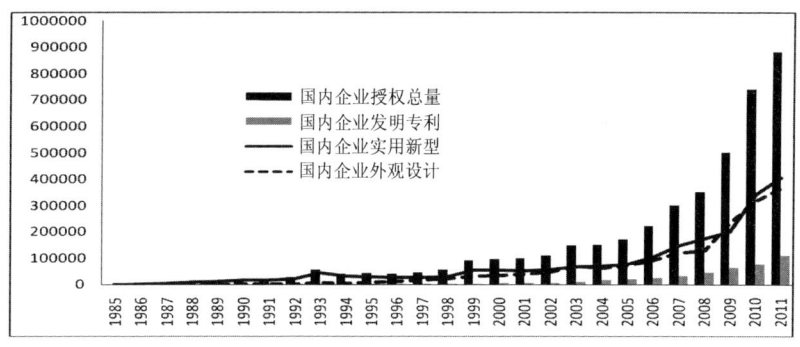

数据来源：国家知识产权局网站。

图 3-2 国内企业专利授权数量

外国企业在1985年在华专利申请数量为4961件，到2011年申请数量为128677件，平均年增长率为13%。从图3-3和图3-4中可以看出，外

29

国在华专利同样也是在 1992 年和 2000 年专利法修改之后增长速度显著改变。我们还可以观察到，外国在华专利主要是发明专利，而实用新型和外观设计专利数量相对国内企业专利的比例少很多，并且外国在华专利中实用新型与外观设计专利增速也不是很明显，增加的数量大部分是发明专利。

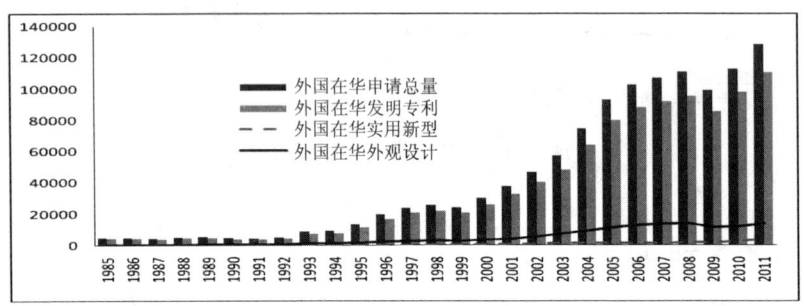

数据来源：国家知识产权局网站。

图 3-3　外国企业在华专利申请数量

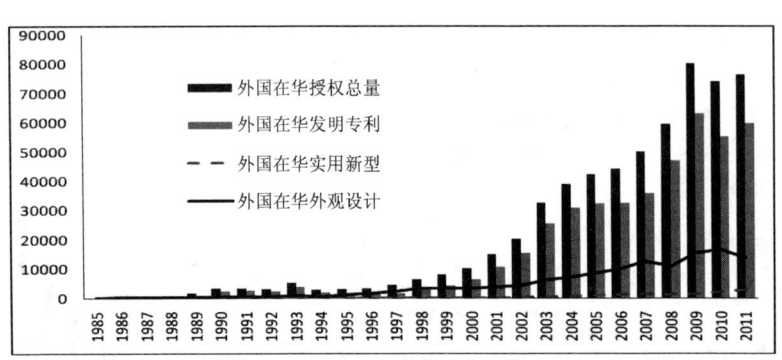

数据来源：国家知识产权局网站。

图 3-4　外国企业在华专利授权数量

外国在华专利授权比例与国内企业授权比例，曾经三次易位，如图 3-5 所示，其中可能与中国的专利法修改有关，在 1992—2002 年间，国内企业授权比例较高，可能的原因有两点，其一，外国企业申请专利受到了中国的歧视，中国不愿支付专利的垄断租金，导致外国技术申请专利的成功率较低；其二，外国企业申请专利意愿不高，不愿将较好的技术申请专利，防止被中国企业模仿，所以将质量较差的技术申请专利。

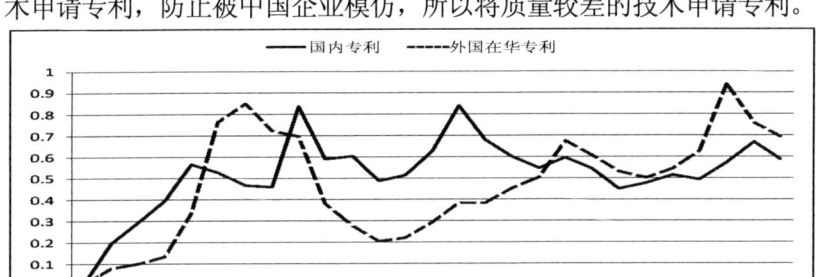

数据来源：国家知识产权局网站。

图 3-5　国内国外专利授权/专利申请的比例

从以上的图表中可以看出，中国专利制度实施近 30 年来，专利数量呈现出了一种爆炸性的增长。无论是发明专利、实用新型，还是外观设计；无论是专利申请量，还是专利授权量；无论是国内企业专利数量，还是外国在华企业专利数量，都取得了长足的进步。此外，经过细致比较还可以发现，国内企业专利申请和授权数量多于外国在华专利的申请和授权，但国内专利的实用新型和外观设计专利占据大多数，发明专利申请始终没能在中国国内专利申请中占主导地位，大大低于外国在华发明专利的数量。外国在华专利申请则以技术含量最高的发明专利为主，并且增长速度快于国内。这些说明中国国内企业只是数量上的优势，非是真正意义上的技术优势。下面我们就从一些视角对中国专利的质量进行评估。

3.1.2　中国专利的质量

尽管专利在中国正在爆炸性的发展，某些创新活动也在崛起，但专利的质量[①]并未同时得到相应维持，中国整体的创新能力并不像专

---

① 高质量专利是符合或者超出中国法定授权条件，并且有前景，最终被商业化或者以另外一种形式对中国社会、经济、环境的进步做出贡献的专利；而低质量专利是不符合前述标准的专利。

利数量增长所显示得那么强。

1. 从专利的生态结构来考察专利质量

中国发明专利较少、实用新型专利以及外观设计专利较多，后两种专利的技术含量通常较低。由于实用新型专利较高的无效率、高风险和低价值，往往不是高质量专利，而发明专利则有很大可能属于高质量专利。

中国在专利质量方面取得的进展落后于其专利申请量的发展速度。我们从表3-1可以看出，中国国内的专利结构是发明专利偏少，在中国国内全部的发明专利中，有一半又是由外国在华企业申请的。

表3-1 国内发明与实用新型专利申请（含外国在华专利）对比

年份	发明专利	实用新型	比率
1996	28517	49604	0.6∶1
1997	33666	50129	0.7∶1
1998	35960	51397	0.6∶1
1999	36694	57492	0.6∶1
2000	51747	68815	0.8∶1
2001	63204	79722	0.8∶1
2002	80232	93139	0.9∶1
2003	105318	109115	1∶1
2004	130133	112825	1.2∶1
2005	173327	139566	1.2∶1
2006	210490	161366	1.3∶1
2007	245161	181324	1.4∶1
2008	289838	225586	1.3∶1
2009	314573	310771	1∶1
2010	391177	409836	1∶1
2011	526412	585467	0.9∶1

资料来源：国家知识产权局统计数据。

从表3-2中可以看出，国内实用新型专利年申请数额增长速度迅速，数量上更是百余倍于外国在华申请，是目前低质量专利的源头。在2011年，中国（含国内外）发明专利受理526412件，占所有专利受理的32%，实用新型专利是585467件，占36%，另外还有32%是外观设计专利。

表3-2 国内企业实用新型申请与外国在华实用新型申请的比率

年份	国内企业实用新型	外国在华实用新型	总数	内外比率
1996	49341	263	49604	188:1
1997	49902	227	50129	220:1
1998	51220	177	51397	289:1
1999	57214	278	57492	206:1
2000	68461	354	68,815	193:1
2001	79275	447	79722	177:1
2002	92166	973	93139	95:1
2003	107842	1273	109115	85:1
2004	111578	1247	112825	89:1
2005	138085	1481	139566	93:1
2006	159997	1369	161366	117:1
2007	179999	1325	181324	136:1
2008	223945	1641	225586	136:1
2009	308861	1910	310771	162:1
2010	407238	2598	409836	157:1
2011	581303	4164	585467	140:1

资料来源：国家知识产权局统计数据。

2. 从专利有效持续期来看专利质量

当被授予专利权之后，专利权人应当缴纳年费，以维持专利权，否则专利权会在期限届满前失效。维持时间较长的专利，通常是技术价值和经济价值较高的专利，或者说是核心专利。对于专利维持的时间，可以用成本和收益的分析方法来阐明，专利持有决策应该与三个基本要素有关：专利保护水平、专利所带来的收益以及维持年费。专利年费都是由国家统一规定的，基本都会考虑到本国企业的承担能力，而专利保护水平在一国范围内基本上也是均质的，因此对于专利持有来说，专利获利的能力和机会才是最具直接影响的要素。

笔者将2006—2011年有效发明专利的国内外占比绘制成图3-6。2006—2011年，有效发明专利总量从21.89万件增长到69.69万件，年均增长率26.1%，其中国内年均增长36.9%，国外年均增长18.8%。2011年底，中国的有效发明专利总量为69.69万件，同比增长23.4%。其中，国内企业有效发明专利35.12万件，占总量的50.4%，同比增长36.2%；国外在华有效发明专利34.56万件，占总量的49.6%，同比增长12.6%。国内有效发明专利拥有量首度超过国外在华有效发明专利拥有量，表明专利质量有所提高。

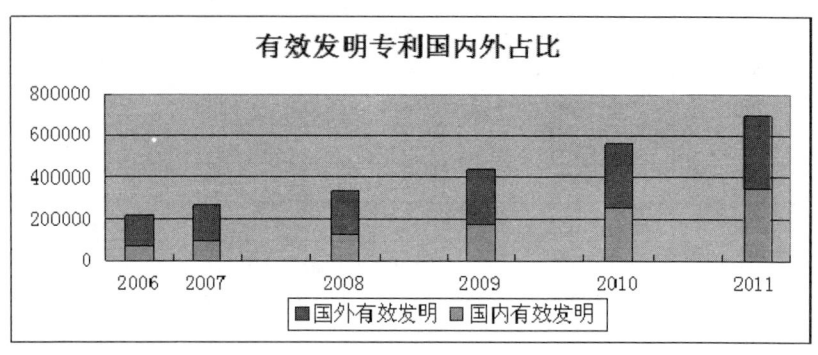

图3-6 有效发明专利的国内外占比

然而，国内有效发明专利中，中国有效期超过5年（申请日在2002年7月1日以前）的有效专利仅有213598件，占总量的25.7%。申请日在2002年7月1日之前各个时间段的有效发明专利中，外国在华企业专利数量远远超过国内企业。换句话讲，有效时间超过5年的发明专利中，绝大多数来自外国在华企业。在当前有效的发明专利中，有效期超过10年的属于国内企业的仅有4348件，而外国在华企业有36691件，是国内企业的8.4倍。中国众多专利的寿命周期很短，发明专利20年的保护期对大多数发明专利显得过于漫长。专利因为创造性不高，或不满足专利的法律要件等，在被错误授权后被认定无效。还有一部分专利在授权后得到想要的政策优惠和资助后主动放弃，以节约年费。

3. 从专利的技术分布领域来看专利的质量

按世界知识产权组织 2011 年最新修订的技术领域分类标准，在 35 个技术领域中，国内企业在食品、化学、药品、材料冶金等 18 个领域占据优势，但在如光学、半导体、计算机技术等高新技术领域，外国企业在华专利所占比例超过本国企业专利。

表 3-3 揭示了维持 10 年以上有效发明专利的技术领域分布。对比这些数据不难发现，中国本国企业的专利优势几乎不存在，在绝大多数行业中，外国在华企业拥有的专利数量都远超国内企业。在专利维持 10 年以上的技术行业中，数字通信、药品、家具游戏等领域位居国内企业前列，说明在这些领域中的国内企业可能具有绝对优势；电信、计算机、光学仪器、化学和音像技术等领域外国在华企业遥遥领先，说明在这些领域跨国公司可能进行了基础专利的布局。由此我们得出结论，中国国内超半数的有效专利是外国在华企业申请的，国内企业拥有的有效专利并不代表国内企业在行业中具有相应的技术优势。

表 3-3 中国维持 10 年以上的有效发明专利的技术分布（万件）

技术领域	技术领域小类	本国企业专利	外国在华专利	总计
电气工程	电机、电器装置、电能	1.171	2.7802	3.9612
	音响技术	1.0281	2.7853	3.8134
	电信	1.0159	1.5841	2.596
	数字通信	2.3237	1.2905	3.6142
	基础通信程序	0.1796	0.4765	0.6561
	计算机技术	1.4511	2.3876	3.8387
	计算机技术管理方法	0.0093	0.0162	0.0256
	半导体	0.8712	2.1746	3.0458
仪器	光学	1.0807	2.0438	3.1245
	测量	0.7966	1.1466	1.9432
	生物材料分析	0.027	0.0583	0.0853
	控制	0.2371	0.3856	0.6227
	医学技术	0.1833	1.0427	1.2260

续表

技术领域	技术领域小类	本国企业专利	外国在华专利	总计
化工	有机精细化学	0.6057	1.216	1.8217
	生物技术	0.2095	0.364	0.5735
	药品（含中药）	0.8508	0.5539	1.4047
	高分子化学、聚合物	0.4493	1.052	1.5013
	食品化学	0.2382	0.1698	0.4058
	基础材料化学	0.6226	0.7448	1.3674
	材料、冶金	0.8735	0.7124	1.5859
	表面加工制造、图层	0.2752	0.5746	0.8498
	显微结构和纳米技术	0.0042	0.0153	0.0195
	化学工程	0.4849	0.6396	1.1235
	环境技术	0.279	0.2822	0.5612
机械工程	装卸	0.2824	0.8676	1.15
	机器工具	0.6665	0.8201	1.4856
	发动机、泵、涡轮机	0.2194	0.9811	1.2005
	纺织和造纸机器	0.3963	1.1331	1.5294
	其他特殊机器	0.3135	0.6832	0.9967
	热工过程和器具	0.3364	0.5826	0.919
	机械零件	0.2813	0.8725	1.1538
	运输	0.2503	1.1645	1.4148
其他领域	家具游戏	1.1266	0.6277	0.8764
	其他消费品	0.2487	0.6277	0.8764
	土木工程	0.4691	0.4337	0.9028
总计		18.5357	33.4233	51.959

资料来源：2011 中国有效专利年度报告。

4. 从专利转化率角度考察专利质量

专利一方面来源于企业，另一方面来源于科研机构和高校。科研机构和高校大多侧重纯学术研究，申请专利的动机大多数情况下是追求科研立项，进而获得科研经费和学术荣誉。因此这些事业单位不直接面对市场，导致许多技术含量较高的专利却不能够适应市场的需求。当前科研机构和高校的运行机制，只纳入了专利申请指标，却没有纳入专利转化指标,这一机制带来了科研机构和高校专利数量的增长,但却导致专利的实用性很差,专利转化率很低。因为专利申请的动机与企业不同,高校和科研机构的专利即便存在潜在市场需求,往往也会由于生产条件苛刻或生产成本过高而难以实现产业化,最终被束之高阁。

以北京市为例,非常奇怪的事情是,北京市的科研机构和高校专利申请和授权量很大,但是专利的交易量却很小。数据显示,2001—2006 年,科研机构申请专利 11240 项,授权量 5270 项;成交量仅为 209 项,仅占授权量的 3.97%。高校申请专利 10633 项,授权量 4541 项;成交量 60 项,仅占授权量的 1.32%。由此可以看出,北京市科研机构和高校的专利大部分都没有被转化。北京市科研机构和高校专利转化率较低的原因有很多,显然专利在创新性和实用性上存在不足是重要原因之一。

综上所述,对中国专利质量现状的分析可以得出初步的结论:自从 1985 年中国建立与实施专利制度以来,虽然中国专利申请数量和授权数量都有显著的提高,但是仍然存在着不可忽视的短板,即中国专利的质量不容乐观,主要体现在以下几个方面:专利申请结构不合理,发明专利的授权量在授权专利总量中所占比例明显低于实用新型专利和外观设计专利;中国国内申请者所拥有的有效专利尤其是有效发明专利较少,无效专利多,专利寿命周期短;不仅如此,在国内的有效专利中,相当大的部分来自外国在华企业的申请,这些专利的维持时间也比国内企业要长;与外国在华专利相比,中国本国企业的专利转化比率偏低,转化程度不理想;国内申请者无论是通过 PCT 申请还是单独向个别国家申请,申请量和授权量都不高。以上指标在相当程度上反映了中国专利质量水平不高,急需提升的现实。

3.2 中国专利数量剧增的决定因素

到底是什么原因导致了中国专利数量呈现井喷式的增长呢?中国

在创新能力不及美日欧等发达国家的情况下，为何专利的数量却能够接近甚至是超越它们呢？Hu 和 Jefferson（2008）使用企业层面的数据探讨了中国专利数量上升的原因，他们认为，外国在华企业的专利行为导致中国企业知识产权意识的增强，导致中国企业采取专利行为参与到战略竞争当中。另外，中国的专利法的修订与执法的加强，私有产权的确立，研发投入的增加，也成为解释中国专利活动激增的重要原因。

经济分析的要义在于，以有目的的人类行为去理解经济现象，然后追溯这些行为背后一个无意识的结果。如果我们对企业专利申请的动机进行细致的观察，可以发现如下方面的原因具有重要的影响，分别是：①中国专利法律保护的加强；②中国科技体制优惠政策的诱动；③技术差距缩小带来的富饶技术机会和市场机会；④外国在华专利的刺激；⑤中国创新投入的不断增多。

3.2.1 立法与执法的加强

专利制度的诞生和发展源于内部和外部两方面的因素：一是随着国内经济体制由计划经济体制向市场经济体制转变，私有产权需要确立，那么必然要对个人或企业的发明成果给予保护；二是随着对外开放和国际交流与合作广泛的开展，必须对发达国家的经济权益进行一定的保障，需要建立专利制度，进行外部经济关系的协调。

1979 年，中国开始制定专利法。1984 年，六届全国人大常委会第四次会议通过了《中华人民共和国专利法》。1985 年，中国专利法开始正式实施①。1985 年的专利法设计借鉴了国外实施专利制度的经验，又结合了一定的国情，具体有如下特点：第一，将发明专利、实用新

---

① 1978 年，中国建立知识产权制度的问题被提上日程。但是，围绕着专利制度的利弊与我国应该建立怎样的专利制度，国内始终存在着激烈的争论。最后经过反复的讨论，认为专利制度在保护发明成果、引进国外先进技术、促进技术成果的转移和应用等方面将会发挥积极的作用，因此中央做出了"我国应建立专利制度"的决策。

第3章 中国专利制度的实施与效果

型、外观设计三种专利形式，集中于一法保护①。第二，规定职务发明和非职务发明的权利归属，兼顾了国家、集体和个人三者的利益。第三，对发明专利申请采取早期公开、延迟审查制，实用新型和外观设计专利申请，采用登记制，只进行形式审查②。第四，计划许可与强制许可并用制度③。第五，行政与司法共同解决专利纠纷制度。

专利法制定后，又经历了三次修改。专利法第一次修改在 1992 年，源于中美之间产生了激烈的贸易摩擦，引发了关于知识产权问题的激烈争执④，为了更好地履行中国政府的承诺，相关部门对专利法进行了第一次修改。专利法第一次修改的主要内容有：扩大专利保护的范围，对化学物质、新药、新食品、新饮料和新调味品给予直接保护；延长专利权的期限⑤；增加对专利产品进口的保护⑥；完善专利申请和审批程序⑦；取消了专利权人在中国实施专利的义务，并修改了强制许可条件等。

2000 年中国加入世界贸易组织的谈判接近尾声，入世的前景也已经明朗。为了顺应中国加入世界贸易组织的需要，对专利法进行了第二次修改。世贸组织规定，缔约各方应该审视自身知识产权法律是否与《与贸易相关的知识产权协定》⑧相一致。第二次专利法修改的内容主要包括：加大了专利保护力度；完善司法和行政执法；加大了侵权赔偿额度，扩大了侵权范围；进一步简化和完善专利的审批程序；明确了提交 PCT 国际专利申请的法律依据；建立高效廉洁的专利审批队伍。

---

① 此项制度安排主要考虑到我国当时科学技术水平普遍比较落后，小发明、小革新的数量在相当长的一段时间内会很多。
② 此项制度安排对小发明尽快为社会所用提供了方便，有利于专利技术的传播。
③ 此项制度安排考虑到我国存在的全民所有制和集体所有制等公有制形式，对这些单位所产生的重大职务发明创造，有关主管部门可以根据国家计划指定其他单位实施。
④ 中美两国最后达成了《中美关于知识产权的谅解备忘录》。
⑤ 发明专利的保护期限由原来的 15 年延长至 20 年，实用新型由原来的 8 年延长至 10 年。
⑥ 未经专利权人的许可进口其专利产品的行为属于侵犯专利权的行为，专利权人有权申请海关扣押侵权产品。
⑦ 增设本国优先权，将授权前异议程序改为授权后撤销程序。
⑧ 《与贸易相关的知识产权协定》，简称 TRIPS。

专利法第三次修改在 2008 年，全国人大常委会第六次会议通过了关于修改专利法的有关决定。第三次专利法的修改是基于中国自身的国情进行的，对当前企业面临的经济形势和国家发展的方向进行了充分的考量。本次专利法修改明确了立法宗旨是"提高创新能力，促进经济社会发展"。主要内容有：为了提高专利质量，适度调整了专利授权标准，例如将相对新颖性调整为绝对新颖性；深化行政审批，精简机构，提高效率；同时对公共权益维护和私人的专利保护进行了科学的权衡。如果仔细比较三次专利法修改的内容，可以看出，第三次修改与专利法的前两次修改有着很大的不同：前两次专利法修改的主要目的在于为加入世界贸易组织，使专利制度与国际接轨，必须要符合 TRIPS 协议的有关规定。

在专利法执行方面，中国虽然实行了独具特色的"双轨制"保护方式，但是执行并不有力。由于行政执法手段的缺乏和知识产权司法程序上存在的不足，使得侵权代价低、维权成本高的现象一直存在，专利保护效果也大打折扣，这在很大程度上削减了专利保护的强度，降低了专利的市场价值。大凡发展中国家，在专利执法上，都经历了一个水平由低到高的发展过程。一方面受迫于发达国家的贸易压力，另一方面则源自本国工商业自身发展对专利保护的需求。显然，企业的专利申请行为与专利执法密切相关。虽然，中国在专利执法方面取得一些进展，但是想要建立一个高效的专利执法体系，这一过程注定会任重道远。

中国专利立法的完善与执法的加强无疑会导致企业专利申请数量的增加。前两次专利法的修改导致外国在华专利数量的增加。这与前文的分析相一致，可以看到在 1992 年与 2000 年前后，外国在华专利数量有了明显的增长。而第三次修改是在专利法已经完全符合 TRIPS 协议的情况下启动的，完全是从我国自身的需求出发，为了提高自主创新能力，服务于创新型国家建设而修订的。从这个意义上来说，第三次修改会导致本国企业专利数量的进一步增长。

3.2.2 政策优惠诱动

除了专利的立法与执法以外，中国企业申请专利的一个非常重要的目的是获取国家各种优惠政策的支持（见附录3、附录4）。中国的科技体制有显著的政府主导的特征。中国政府陆续出台了许多政策措施，促进企业技术创新活动，采取的主要手段是科技计划、资金支持以及税收优惠等直接创新支持政策。这些政策实施的目的是希望通过降低企业经营成本，增大企业研发投入，来扶持和鼓励高新技术企业的发展。企业如果想要获得这些政策支持，就必须满足这些政策对专利数量的要求，由此，获得相关的政策优惠成为企业申请专利的重要诱因。

譬如，国家的高新技术企业优惠政策。根据2008年科技部、财政部和国家税务总局共同发布的《高新技术企业认定管理办法》的规定，凡经认定的高新技术企业，连续3年企业所得税税率由原来的25%降为15%，3年期满之后可以申请复审，复审通过，继续享受3年税收优惠，一共是 6 年[①]。高新技术企业称号也是获得众多政策性如资金扶持等的一个基本门槛，获得高新技术企业的资格认定，能为企业在市场竞争中提供有力的资质，提升企业形象，无论是对于企业的广告宣传还是产品招投标工程，都有非常大的帮助。

然而，企业想要获得高新技术企业的资格认定，还需要满足较多条件，其中对企业拥有的专利数量和质量要求则是认定高新技术企业的必备硬件条件。因而，很多企业为了获得高新技术企业的认定资格，以享受政策优惠而积极申请专利。这可以说是具有中国特色的一个专利申请动机因素，完全脱离了专利的本质以及基于专利本质属性的战略运用，而带有强烈的企业功利性色彩（牟莉莉，2011）。

当前，中国崇尚"自主知识产权"，它通常被定义成多数所有权不为外国所有而为中国实体所拥有的知识产权，专利就是这种"自主知

---

① 经认定的高新技术企业可凭批准文件和《高新技术企业认定证书》办理享受国家、省、市有关优惠政策，更容易获得国家、省、市各级的科研经费支持和财政拨款。

识产权"的代名词，因此政府鼓励企业积极申请专利，并且将众多的科技政策与这种"自主知识产权"相挂钩，但是对这一政策的过分强调，可能会令中国的创新管理和技术发展误入歧途。

3.2.3 富饶技术假说

鉴于中国仍然是一个发展中国家，具备后发优势，技术进步过程也具有自己的独特之处。企业在技术创新之后，在专利决策行为当中，自然就涉及了市场机会和技术机会两个影响因素。在创新研究中，市场机会被描述为既定市场对创新产品的需求程度。市场需求是技术创新最大的动力来源，各种技术的成熟发展过程也无不是在实际应用中不断完成的。Crepon（1996）的研究发现，市场机会对企业的专利申请行为有明显的正向影响。除了市场机会之外，技术机会也是影响创新与专利活动的重要因素。

Levin 等（1987）将技术机会界定为一个行业对科学研究的依赖程度[①]。熊彼特认为，重大的技术突破都依赖于技术轨道的发展。像中国这样的后发追赶者也必然要遵循技术轨道，或者说是技术机会的窗口。技术机会是指在技术创新过程中，通过对某产业或技术领域内已有技术发展趋势及相互关系的挖掘，发现最新技术动向，推断该领域可能出现的技术形态或技术发展点。全球化与技术迅猛发展的今天，技术窗口的展现对于创新发明的意义不言而喻。演化经济学经济理论认为，只有企业具备较强的机会搜索能力，才能在激烈的竞争中生存发展。Brouwer 和 Kein（1999）的研究表明，在高技术机会行业的企业比在低技术机会行业的企业申请的专利更多。但是 Peeters 和 Potterie（2006）的研究并没有发现技术机会和企业专利申请行为之间有明显的相关关系。

笔者认为，技术差距可以在一定程度上反映技术机会和市场机会

---

① 按照经济合作与发展组织（OECD）的划分方法，依据研发投资占企业总投资的比重，可以将行业划分为高技术行业、中技术行业和低技术行业。

对专利生产的影响。中国与外国技术差距越小，那么其学习与创造能力就越强，前沿的技术资源和技术机会也就源源不断的涌现，同时也就越能把握市场机会的窗口；反之，如果技术差距越大，企业的学习与创造能力就越弱，对技术机会把握的能力也就越弱，也就越不能把握市场的机会窗口。

3.2.4 外国在华专利

大量外资的流入也对中国专利数量的增加产生了积极的影响。我们可以从直接效应和间接效应两个方面来阐述。对于直接效应，外国直接投资企业自身申请了数量巨大的专利，这占据了我国发明专利授权总量的半壁江山。

此外，外国企业在华的专利活动还具有间接效应，激励中国国内企业的专利申请。这主要表现在以下几个方面：

第一，外国在华企业拥有所有权优势[①]，中国企业会通过模仿，申请实用新型专利，削弱跨国公司的技术垄断优势。同时，中国企业出于自身的保护意识，也不断地加强专利保护。第二，跨国公司与国内企业展开了激烈的专利战，外国在华企业出于战略竞争的目的，使用法律武器打压中国国内企业，向中国企业展示了专利的应用，诱发了中国企业对专利权战略重要性的认识，从而激发了专利活动的动机。第三，从区位优势来看，国内的企业形成了对外资企业的下游支持，外商投资企业扩大和深化在中国的生产活动，与一些中国企业建立起R&D业务，这需要保护技术交流，因此双方都需要申请专利，来扩大合理的交流。总之，外国直接投资激增引发了拥有专利权的外国企业和国内企业之间利害关系，从而导致更高的专利倾向。

---

① Dunning（1996）的折中理论指出，外商直接投资主要取决于三方面因素：（1）所有权优势，即投资商拥有特有资源和能力，比如有形与无形技术。（2）区位优势，即投资国的国内投资环境恶化，导致企业在国内生产已不具备比较优势，而选择对外投资。（3）内部化优势，即投资商有能力结合所有权优势和区位优势，并将其内部化，以降低交易成本。

3.2.5 科技投入力度的加大

按照投入—产出分析法，中国专利数量增长背后是科技投入的增加。20世纪90年代的大部分时间，中国的R&D投入总量不断上升，但是占GDP的比率一直不高，R&D经费支出占国内生产总值的0.5%。20世纪90年代以后开始迅速的增长，在2000年达到1.0%，并在2003年继续攀升至1.3%，2004年R&D投入虽然跃居世界第六，但是仍然只占中国GDP总额的1.35%。2008年R&D经费支出总额接近500亿美元，跃升世界第四位，但只占中国GDP总额的1.52%，2011年达到1.83%。从表3-4中的数据可以看出，中国的R&D经费比例远远低于发达国家的2%的水平。

表3-4 中国R&D投入强度

指标名称	单位	2002年	2003年	2004年	2005年	2006年	2007年	2008年	2009年	2010年
R&D支出	亿元	1287.6	1539.6	1966.3	2449.9	3003	3710	4570	5802	7063
比上一年增长	%	22.78	16.55	19.44	19.61	18.68	23.5	23.2	21.2	17.9
R&D/GDP	%	1.07	1.13	1.23	1.33	1.42	1.49	1.52	1.70	1.76

资料来源：中国科技统计年鉴。

虽然中国R&D经费投入的比例不高，但是由于中国GDP总量庞大，使得中国R&D总量已经位居世界第二，仅次于美国。中国R&D总量相当于英法德三国的总和。2012年全国共投入研究与试验发展经费10298.4亿元，比上年增加1611.4亿元，增长18.5%；占GDP比重达2%，其中企业的R&D支出占比在74%以上。另外，国家财政用于R&D的支出为5600.1亿元，比上年增加803.1亿元，增长16.7%；财政科学技术支出占当年国家财政支出的比重为4.45%，高于2011年4.39%的水平。①但是,中国按研究与试验发展人员计算的人均经费支出却很低,仅仅为 31.7 万元,比上年增加 1.6 万元。无论如何,中国的 R&D 经费投入经历了前所未有的增长,这对于专利数量增长的贡献是不容忽视的。

与此同时,与 R&D 经费总量迅速增长相对应,中国的 R&D 人员数量也在迅速提高,2007 年已经达到 173.6 万人/年,仅次于美国而居世界第二位②。本书认为中国专利数量增加,科技投入力度的加大是不能忽视的直接原因。

3.3 经验诊断与结论

接下来,本书证明上述的理论假说是否得到经验支持。为了克服样本数不足的问题,我们采用大中型工业企业 32 个行业的面板数据进行研究。在 2010 年,各个行业的专利授权数量如图 3-7 所示,可以看出,中国的专利授权数量集中在金属制品业、专用设备制造业与电气机械及器材制造业等几个行业。

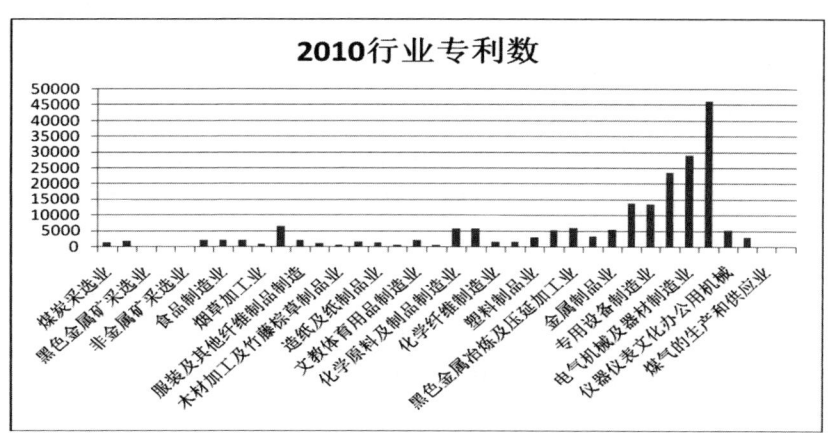

图 3-7　2010 年各个行业的专利数量

---

① 数据来源于国家统计局、科技部、财政部发布的《2012 年全国科技经费投入统计公报》。
② 据估算,2006 年美国 R&D 人员在 230 万人年左右。

3.3.1 指标量化与描述性统计

（1）政府政策优惠的程度 Gov。本书选择大中型工业企业的 R&D 投入中来自政府资金的部分，作为代理指标。企业要想获得这些资金，必须进行专利申请。政府调配的资源越多，导致企业进行专利申请的欲望越强烈，因为企业知晓只有获取专利才可能获得这些政策的支持。所以，科技政策的覆盖面越广，就有越多的企业去申请专利，以证明自己的创新实力。政府科技资金的数据来自《中国科技统计年鉴》。

（2）专利立法与执法 Leg。国际上通用的是 Park 和 Ginarte(1997)的 G-P 指数反映专利保护的强度。该指数由 5 个方面的指标构成[①]，每项指标中又有若干子指标。国内学者韩玉雄、李怀祖（2005）指出，这样的方法也只是评价了一个国家是否制定了专利保护的相关法律，而没有考虑法律条款实施的实际效果。因此，他们将执法效果[②]纳入指标体系并进行了改进。令 $F(t)$ 表示一个国家在 t 时刻的执行效果，$PG(t)$ 表示 Ginarte 和 Park 方法计算出的知识产权保护水平，那么，修正后的专利保护水平 $PA(t)$ 可表示为：$PA(t) = PG(t) \times F(t)$，$F(t)$ 的取值在[0，1]区间内。

（3）技术差距 Z。本书用中国和美国各个行业的人均 GDP 的比值作为技术差距的指标，我们认为技术差距是导致后发国家抓住技术机会与市场机会的重要因素，如果技术差距过大，发展中国家没有足够的知识存量与创新能力对发达国家的技术进行吸收，所以我们猜测技术差距越小，专利数就会越多。中国的大中型工业行业的就业人数和工业总产值来自《中国科技统计年鉴》，美国的工业行业数据来自美国经济分析局，美国工业行业的数据分类与中国大中型企业行业的分类大致相同。

---

① G-P 指标的 5 个方面包括：专利法保护的覆盖范围，专利国际协定的参加情况，侵害专利条款，执法措施，专利保护的期限。

② 执法效果指标包括：社会法制化程度、政府的执法态度、相关服务机构配备、社会知识产权保护意识。

(4) 外国在华专利 Foreign, 科技投入 RD 与研发人员 Human。因为外国在华专利在大中型工业企业行业分布的数据难以获得,所以我们采用外商直接投资在每一个行业的总量来进行替代。本书采取大中型工业企业数据库中行业的科技投入,分为 R&D 费用和研发人员两部分,科研投入消除了通货膨胀因素的影响。这两个数据均来自《中国科技统计年鉴》。

如前文所述,为了保持变量的齐整性,我们最终选取 1998—2011 年 34 个行业的面板数据作为分析样本。为了与本书的理论模型以及计量模型保持一致,同时也为了消除异方差,对一些变量进行了自然对数处理。表 3-5 报告了主要变量的统计特征和相关系数,从中可以看出,绝大部分解释变量与被解释变量的相关性与预期相一致。

表 3-5 各变量的描述统计

变量名称	lnPatent	lnGov	lnRD	lnyanfa	lnForeign	Leg	Z
1	1.00						
2	0.73***	1.00					
3	0.85***	0.86***	1.00				
4	0.72***	0.72***	0.77***	1.00			
5	0.68***	0.55***	0.64***	0.48***	1.00		
6	0.40***	0.24***	0.40***	0.25***	0.18**	1.00	
7	0.49***	0.30***	0.43***	0.35***	0.54***	0.53***	1.00
均值	5.98	8.71	11.56	8.98	4.60	2.63	0.2
最大值	10.74	15.2	15.66	12.54	7.98	3.74	0.45
最小值	0	1.79	5.57	4.73	0.06	1.6	0.04
标准差	2.12	2.01	1.94	1.60	0.266	2.63	0.09
观察值	355	385	385	315	174	455	266

注:(1)第一纵列的数字与第一行的变量名称相对应。表的上半部分为相关系数统计,下半部分为描述性统计。

(2)*代表 $P<0.1$,**代表 $P<0.05$,***代表 $P<0.01$。

3.3.2 模型设定

沿袭 Pakes and Griliches（1984），Hausman，Hall 和 Griliches（1984），以及 Bound 等（1984），设置一个专利的生产函数，因为没有行业的专利数量为 0，所以本书排除了零膨胀分布，假设专利授权服从一个泊松分布的过程，其中主要的参数为 λ。

$$Prob(Patent_{it}/x_{it}\cdots) = \frac{\lambda_{it}^{patent} exp(-\lambda_{it})}{Patent_{it}!}$$

其中，$\lambda_{it} = E(Patent/x_{it},\cdots,a_{it}) = a_{it} + \beta_1 x_{1t} + \beta_2 x_{2t} + \beta_3 x_{3t} + \cdots$。

其中，Y 是企业 i 在 t 年的专利数量，我们采取面板数据模型，专利数量作为被解释变量，投入变量为 R&D 经费、企业科技人员数；影响专利产出效率的因素有专利保护强度、政策财政科技拨款、中美人均 GDP 比值、外国在华专利数。为了便于理解，将上述的模型写成如下的形式：

$$lnP_{it} = a_i + b_{it} lnR\&D_{it} + lnHuman_{it} + b_{it} lnGov_{it} \\ + b_2 Leg_{it} + b_3 Z_{it} + b_4 lnForeign_{it} + e_{it}$$

另外，许多学者的研究指出，专利与研发活动存在着滞后相关的关系，诸多的因素与专利产出之间存在着时滞问题。本书采用朱平芳（2003）的方法，用最简单的又能说明问题单变量回归的方法来确定各个变量与专利产出的时滞关系与作用机理。由于各个变量与专利产出的时滞与作用机理十分复杂，所以我们只能逐个变量加以确认，如表 3-6。

表 3-6 专利产出的时滞结构

变量滞后	系数	调整 R2	变量滞后	系数	调整 R2	变量滞后	系数	调整 R2
lnGov (t-1)	0.763	0.534	lnRD (t-1)	0.924	0.727	Human (t-1)	0.933	0.488

续表

变量滞后	系数	调整R2	变量滞后	系数	调整R2	变量滞后	系数	调整R2
lnGov(t-2)	0.756	0.530	lnRD(t-2)	0.931	0.720	Human(t-2)	0.909	0.516
lnGov(t-3)	0.749	0.499	lnRD(t-3)	0.889	0.679	Human(t-3)	0.935	0.455
lnGov(t-4)	0.754	0.508	lnRD(t-4)	0.886	0.670	Human(t-4)	0.888	0.427
lnGov(t-5)	0.749	0.519	lnRD(t-5)	0.917	0.662	Human(t-5)	0.937	0.424
lnGov(t-6)	0.719	0.488	lnRD(t-6)	0.993	0.705	Human(t-6)	0.847	0.489
lnForeign(t-1)	0.726	0.510	Leg(t-1)	1.554	0.165	Z(t-1)	9.554	0.232
lnForeign(t-2)	0.810	0.550	Leg(t-2)	1.168	0.161	Z(t-2)	10.13	0.216
lnForeign(t-3)	0.730	0.498	Leg(t-3)	1.699	0.141	Z(t-3)	10.27	0.208
lnForeign(t-4)	0.716	0.508	Leg(t-4)	1.727	0.110	Z(t-4)	10.09	0.191
lnForeign(t-5)	0.591	0.455	Leg(t-5)	1.560	0.079	Z(t-5)	10.20	0.179
lnForeign(t-6)	0.687	0.513	Leg(t-6)	1.328	0.042	Z(t-6)	11.62	0.210

注：此表中所有系数均是 t 值在 5%置信水平显著不为 0，故在此没有写出 t 检验值。变量后的括号代表滞后的期数。

政府的资助所导致的专利产出取滞后一期，理论上和科技政策资助项目的结项要求相一致。研发投入的滞后期限，取滞后一期与滞后二期都比较合适。鉴于专利的申请与授权所需要的两年年限,我们采用滞后二期。同理,科技人员的投入也取滞后二期。外资流入在滞后二期内的系数与 R2 都是最大的,因此取滞后 2 期,执法水平有立竿见影的效果,所以取滞后一期,技术差距取滞后三期。因此,得到了本书关于专利产出的最终实证模型:

$$\ln P_{it} = a_i + b_{it}\ln R\&D_{it-2} + b_{it}\ln Human_{it-2} + b_{it}\ln Gov_{it-1}$$
$$+ b_2 Leg_{it-1} + b_3 Z_{it-3} + b_4\ln Foreign_{it-2} + e_{it}$$

我们采用 Hausman 检验来决定是采用固定效应还是随机效应模型。检验的统计量如下所示:

$$H = \chi^2[K] = [b-\beta]\sum\nolimits^{-1}[b-\beta]$$

其中,b 是固定效应模型的估计系数,β 是随机效应模型的估计系数,$\sum()=Var[b]-Var[\beta]$,H 服从一定自由度的卡方分布(Chi-squared),若|H|大于临界值,则接受固定效应模型,反之则接受随机效应模型。

3.3.3 结果分析

1. 基于同质性行业的结果分析

政府的科技政策虽然能够引致企业的专利行为,但是政府政策能够降低企业创新的风险和成本,所以会促进企业 R&D 的投入。因此,我们判断政府的 R&D 资助和税收减免等措施与企业的 R&D 投入具有高度的共线性。所以,在模型选择中,剔除了政府的 R&D 资助,避免了这种共线性,以得到更好的估计结果。

估计的结果由表 3-7 提供,Hausman 检验支持随机效应模型,另外,在模型选择问题上,回归结果支持了我们的分析,剔除政府科技政策投入的随机效应模型,在显著性的统计检验中最为理想。回归模型拟合度接近 0.8,说明我们的解释变量可以解释中国专利剧增 80%的原因。

行业的 R&D 投入强度和行业的研发人员数量对专利授权数量的增加有显著性的促进作用,是行业专利数量增多的重要因素。政府的政策优惠对于行业专利增长具有积极的影响。外商直接投资、专利保护程度与技术差距都显著为正。各个变量系数的符号符合预期，都支持了我们前文理论分析的假说。

表 3-7 中国专利爆炸增长的原因估计

模型	未剔除 lnGOV		剔除 lnGOV	
变量	随机效应	固定效应	随机效应	固定效应
lnR&D	0.22***	0.08	0.35***	0.15
(t-2)	(1.96)	(0.55)	(3.28)	(0.96)
lnHuman	0.21**	0.24	0.20*	0.18
(t-2)	(1.94)	(1.54)	(1.79)	(1.09)
lnGov	0.17**	0.17***		
(t-1)	(3.01)	(2.74)		
lnFDI	0.27***	0.27	0.31***	0.33*
(t-1)	(2.27)	(1.52)	(2.59)	(1.82)
lnLeg	0.61***	0.82**	0.46**	0.73**
(t-3)	(3.17)	(2.64)	(2.39)	(2.26)
Z	1.66	1.38	2.93**	3.42*
(t-2)	(1.10)	(0.69)	(1.96)	(1.77)
cons	-2.33**	-1.57	-2.27***	-0.64
	(-2.82)	(-1.10)	(-2.70)	(-0.44)
F 统计量		42.25 [0.00]		44.83 [0.00]
Wald chi2	333.84 [0.00]		298.93 [0.00]	
Huasman test		9.45 [0.12]		
R2	0.79	0.77	0.79	0.74

注：( ) 内为 t 统计量；[ ] 为显著性概率值；符号***、**和*分别表示该变量通过 1%、5% 和 10% 的显著性检验。

2. 基于异质性行业的进一步分析

（1）政策密集型行业。从34个工业行业中筛选出7个政府支持资金占全部研发资金比例较高的行业，它们分别是：非金属采矿业、食品制造业、黑色金属冶炼及压延加工业、有色金属冶炼及压延加工业、专用设备制造业、交通运输设备制造业、仪器仪表文化办公设备制造业。我们采用面板数据随机效应模型，应用上文的方法找出滞后项。表3-8的结果显示，在政策密集型的行业，政府资助的研发投入对于专利数量的增加有显著性的正影响。但是这些行业受外资影响不具备统计规律，是不显著的。同时专利法的改善对于这些行业有积极为正的作用，而技术差距的影响似乎可有可无。研究剔除不显著的变量后得到更加稳健的回归结果。回归结果背后可能隐藏了更加深刻的问题，在政策密集型的行业中，企业申请专利可能是单纯地为了获得国家的政策优惠，从而偏离了正常的技术竞争，这使得其他因素对政策密集型行业的专利申请作用不大。

表3-8 政策密集型行业的专利动因

变量	未剔除不显著项			剔除不显著项		
	系数	T值	显著性	系数	T值	显著性
lnGov（t-1）	0.269	2.24	0.025	0.51	4.99	0.00
lnKeji（t-2）	0.465	2.23	0.026	0.52	2.86	0.04
lnFDI（t-1）	0.181	0.75	0.453			
lnLeg（t-1）	0.634	1.70	0.089	0.635	4.36	0.00
Z（t-1）	0.066	0.03	0.977			
cons	-2.68	-2.16	0.031	-5.05	-3.53	0.00
Wald chi2		244.45	0.00		209.49	0.00
Huasman		6.68	[0.46]			
R2		0.892			0.82	

（2）外资密集型行业。选择化学原料及制品制造业、非金属矿物制品业、交通运输设备制造业、电器机械及器材制造业、电子及

通信设备制造业 5 个外资比重较高的行业为研究样本，进行计量统计分析。

从表 3-9 的回归结果中发现，在 5 个外资密集的行业，外资流入对专利数量的增加有显著为负的作用，这颠覆了我们前文大样本的结论，外资比重较高，专利数量却越少。与此同时，这些国内行业的技术差距越小，专利的数量就越多。笔者认为，之所以出现这样的结果是因为，在外资密集型行业，已经形成了激烈的专利竞争，它们进行专利布局与技术封锁，可能导致了国内企业申请专利受到了一定的影响，而行业的技术差距越小，国内企业在专利竞争中会处于较为有利的地位。因此，在外资密集型行业中，技术差距越小，专利数量就越多。

表 3-9　外资密集型行业的专利动因

变量	未剔除不显著项			剔除不显著项		
	系数	T 值	显著性	系数	T 值	显著性
$lnRD(t-2)$	0.7607	3.25	0.001	1.016	6.78	0.000
$lnKeji(t-2)$	0.337	1.50	0.134			
$lnFDI(t-1)$	−0.758	−2.75	0.006	−0.816	−3.43	0.001
$lnLeg(t-1)$	0.216	0.82	0.415			
$Z(t-1)$	4.127	4.53	0.000	4.50	5.38	0.000
cons	−1.538	−1.28	0.201	−0.514	−0.50	0.616
Wald chi2		222.71	0.00		213.43	0.00
Huasman		7.65	[0.37]			
R2		0.53			0.45	

（3）技术差距的异质性。按照技术差距的大小，我们将 35 个行业分成两组，石油和天然气开采、黑色金属矿采选业、有色金属矿采选业、食品制造业、饮料制造业、石油加工与炼焦业、化学原料及制品制造业、医药制造业、化学纤维制造业、橡胶制品业、非金属矿物制品业 11 个行业为技术差距较大的一组，而其余行业为技术差距较小的一组。估计的结果由表 3-10 提供。

表 3-10 行业技术差距对专利数量的影响

变量	较大技术差距的样本			较小技术差距的样本		
	系数	T 值	显著性	系数	T 值	显著性
lnRD (t-2)	-0.0208	-0.09	0.932	0.3178	2.21	0.027
lnKeji (t-1)	0.0104	0.05	0.026	0.3086	2.24	0.025
lnFDI (t-2)	0.4092	2.42	0.016	0.3208	1.48	0.138
lnLeg (t-1)	-0.4421	-0.95	0.341	0.1988	0.79	0.432
Z (t-1)	7.7569	1.71	0.087	4.54	3.30	0.001
cons	5.054	1.97	0.049	-2.7146	-2.84	0.005
Wald chi2		21.55	0.00		325.93	0.00
Huasman		10.4	[0.11]		8.79	[0.27]
R2	0.43			0.87		

结果表明，无论技术差距大或小，都不会改变技术差距对专利数量的影响性质，即技术差距越小，行业的专利数量就越多。进一步观察可以发现，在技术差距较大的样本组中，国内研发投入作用不明显，而外资流入的影响较为显著，原因可能是国内政府主导的创新体制的失败，而外资竞争的市场环境更加有利于专利数量增多。在技术差距较小的样本组中，外资涌入的影响不显著，而国内的研发投入有显著为正的影响。这说明，在国内发展较好的一些行业中，外资在提升专利竞争方面的效果已经减弱。

第4章
中国专利制度有效性的理论分析

在第3章中,已经初步探讨了中国企业进行专利申请的动机,采取措施提高专利技术的数量和质量是一个中间的政策目标,但这还不是最终的政策目标,最终的目的应该让这些申请与授权的专利对技术进步、结构变迁和经济增长起到预期的作用。因此,还需要对专利制度的特点、企业行为与专利制度的功能和绩效,进行进一步的分析。

4.1 专利制度的政策工具与目标

4.1.1 专利制度的政策工具

从狭义上讲,专利制度的政策工具包括专利长度与专利宽度两种,前文中我们指出了专利长度其实并没有多大的作用,大多数国家的保护期限都在 15~20 年之间,而专利技术会在保护期限到来之前被模仿,或者变为过时的技术。采用专利的长度与宽度两个政策变量,远远不能揭示出整个专利体系的特点,也不能完全地揭示出专利制度发挥作用的机制。因此,在这里我们从广义上定义专利制度的政策工具,主要包括:专利的申请标准、授权披露规定、审查期、授予原则、索赔范围、专利执法体系、专利费用、强制许可等。

广义上的专利制度的政策工具，归根结底是从多个角度对新发明创造的产权和交易费用进行界定①。专利的申请标准、审查期限、专利费用对于获得专利权的难易程度做出规定；信息披露的规定对于产权的性质，以及获取和模仿这种技术的交易成本产生影响；专利执法体系对于维护专利产权产生决定意义；索赔范围对于专利权的权利范围做出规定；强制许可则令这种产权在特殊情况下被剥夺。所以，广义上的专利制度的政策工具，通过赋予新的发明创造何种性质的产权，以及产生多大的交易成本来激励和约束企业行为，最终专利制度的功能得以发挥。其中的逻辑关系如图4-1所示。

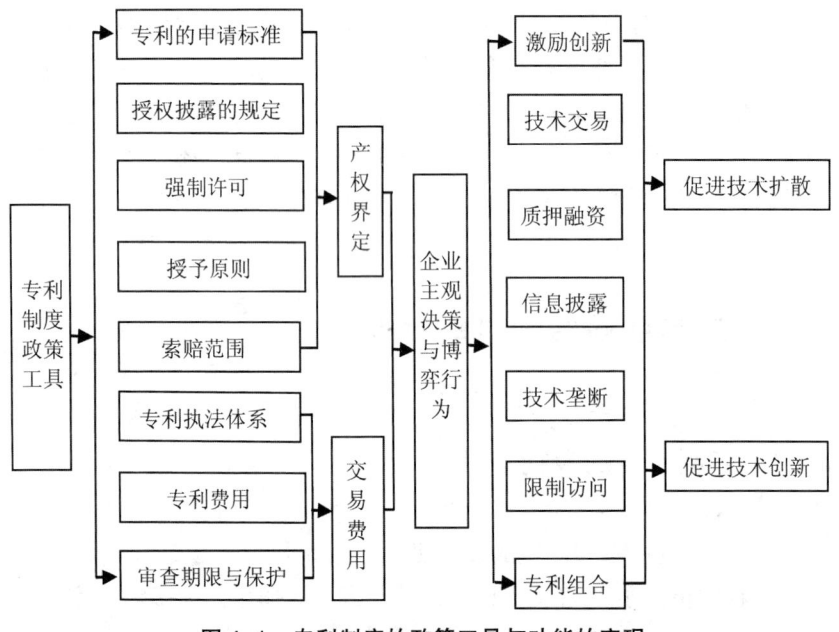

图4-1 专利制度的政策工具与功能的实现

---

① 张五常认为权利可通过资产多寡、等级高低、法例管制、受风俗或宗教的约束来界定。不同的界定方式意味着不同的合约安排，其交易费用各异，经济效力大相径庭。但是，他认为产权问题最终是交易成本的问题，而科斯仍然采取了产权和交易成本的两分法。本书采取科斯的两分法来看待专利制度。

第4章 中国专利制度有效性的理论分析

1. 专利的申请标准

专利申请的标准是专利授权判断的依据，关系到专利质量的高低。一般而言，申请的标准是评判发明创造是否具备新颖性、创造性和实用性。新颖性[①]遵循"三没有原则"，即没有相似的创新发明在出版物上公开发表，没有在公开使用过或者通过其他方式为公众所知，也没有其他人向专利局提出过申请并且记载。创造性[②]是指同已有的技术相比，当前申请专利的发明技术是否有突出的实质性特点和显著的进步。而实用性是指一项发明专利或者实用新型能够在产业上获得应用，或者指申请专利的发明或实用新型被实施后，有利于促进科学技术的发展，能够给发明人、专利权人或者国家带来良好的经济效益。

但是我们研究发现，各国的专利法均规定授予专利权的创新发明必须具备新颖性、创造性和实用性，但是实际执行起来却有着巨大的差异。虽然各国的条文中都规定专利申请必须具有新颖性、创造性与实用性，但是各国审查时的标准却不一样，有些国家专利申请只需要具有相对的新颖性、相对的创造性，甚至对实用性不做实质性的查证。而专利标准的高低则会直接导致专利质量的好坏。

2. 审查期限与保护

专利申请实行早期公开、延迟审查的方式进行，这一制度导致了发明技术在产权上的争议。具体的程序如下：发明人或者企业首先向知识产权局提出专利申请，符合要求的申请提案将在一定时期公之于众，在被公开后的一段期间，如果没有异议，申请人可以向专利局提出实质审查请求，审查期过后，如果达到相关的标准，相关部门依法

[①] 新颖性涉及查新。专利审查员进行查新，对发明创造相关的现有技术进行检索，用以确定权利要求所界定的发明是否符合专利法授予专利权的法定条件。根据对相关部门的了解，在我国查新不是很高的门槛。

[②] 不管技术如何，专利律师都有办法将其变成专利申请文件，专利审查机构则很少拒绝此类专利的申请。

向技术持有人授予专利①。审查期限在不同国家有不同的安排，主要原因在于专利申请案会触及很多争议，需要相对充裕的时间去解决各类问题。当然，也不排除一些国家利用相对较长的审查期限来促进新技术的传播。专利审查的效率会对专利申请决策产生重大的影响。

发明创新在审查期间也会得到保护。从申请日以后到申请内容技术方案公开之前，技术方案属于技术秘密，属于商业秘密保护的范畴②。在申请的内容正式公开后到授权之前，技术方案受到一定的"临时保护"③。商业秘密和完整的专利权，两者均具有稳固的法律地位和属性，而"临时保护期"技术方案却没有明确的法律地位。商业秘密保护、临时保护、专利授权之后的垄断保护，安雪梅、朱雪忠（2006）把这三个时间点上法律对于三种权益的保护强弱形象地比喻成一个"V"型。"临时保护期"很有可能成为一个漏洞，很多技术纠纷案件都是发生在"临时保护期"，此时只属于费用纠纷而不属于侵权纠纷，这使得专利权人，即使在获得了专利授权之后，也未能阻挡技术的传播。

3. 知识披露规定

按照专利信息披露的程度，可以划分为三种模式：欧盟模式、美国模式与日本模式。第一种是欧盟模式，专利申请人需要对审查部门进行完全披露，但是不需要对全社会完全披露。欧洲建立了专门的技术检索部门，从而保障了现有技术检索的时间，在大多数情况下产生了质量较高的专利，当授权专利之后，对技术的实现方式与方法给予一定的保密。欧洲模式重在保护，而非披露。第二种是美国模式，要求发明人或企业对专利审查部门进行"诚实善意"的信息披露，由此看出，美国对信息披露没有做出强制性的要求。如此一来，只要肯付出

---

① 如果专利在18个月后公开，申请人立即提出实质审查要求，那么发明专利授权周期需要三年多的时间，时间相对较长。我国统计的专利审查周期，即从进入实审程序至结案之日的时间长度，平均值大致为22个月。

② 商业秘密可以依据《反不正当竞争法》与《合同法》进行保护。一旦通过专利公报公开技术方案，而最后因不满足专利授权的"三性"要求得不到专利授权时，由于技术方案通过专利公报的法定公开，使技术方案成为公知技术，申请人将无法再以商业秘密来保护。

③ 临时保护主要体现在《专利法》第十三条和第十一条，因临时保护期间由发明专利申请人和非法实施该技术的单位或个人之间而产生的纠纷属于费用纠纷，不属于侵权纠纷。

专利费用,美国就对申请成功的专利进行保护。既然不向审查部门披露,那么更无必要向社会公布。第三种是日本模式,强调专利申请人负有技术文献披露义务,或须依专利审查部门的要求而披露相关的现有技术信息,并且授权后的专利必须向全社会进行披露。日本专利披露强度最大,要求技术真实有效,同时又要求这些知识必须对全社会共享,但是日本专利制度同时也阻止了一些重大的根本的技术进行专利申请。

4. 授予专利原则

目前各国授权的"唯一性"标准可分为两类,即先申请授权和先发明授权。先申请授予原则是引发专利竞赛的重要原因。发展中国家大多数采取先申请授予原则,这有助于企业尽快申请专利,因为专利申请不需要关照最初发明者的利益。如果两个或更多的发明创造在同日进行申请,各个专利申请人之间须就谁获得专利权达成协议,否则不会对任何人授予专利。①

而一些发达国家则是先发明授予专利原则。这种原则对于最初发明者提供了更多的保护,并且不需要对一些重大而不成熟的发明技术争先恐后进行披露。但是,运用先发明授权原则进行专利授权时,往往存在着许多冲突,相关部门必须对最初的发明者进行认定。专利申请要求授权前公开并且允许授权前反对,这两个重要过程特征使得一些发达国家专利具有相对较长时间的未决期间,相关部门必须在申请期间解决这些冲突和分歧。

5. 专利宽度与索赔范围

通常所讲的专利宽度就是指专利的保护范围,或者是侵权认定的范围。付诸法律实践层面,这些范围必须以其权利要求的内容为准,其中最主要的是通过说明书及附图解释权利要求。专利说明书作为权利要求书的依据,在确定专利权的保护范围时,用于解释权利要求。在一般情况下,确定保护范围的依据仍然是权利要求,权利要求作为

---

① 在这方面,中国的专利政策阐明如何鼓励自愿协议和不妥协的对抗,很显然中国的法治体系还未发展到发达国家水准。

控制专利保护范围的首要工具，专利审查部门往往对专利的权利要求做出适度的把控，以确定适度的专利保护宽度。然而，这种范围的界定也不是一成不变的。专利持有人往往可以将仅反映在说明书及附图中，而未记载在权利要求中的技术特征或者技术方案通过"解释"纳入到专利保护范围。这样一来，专利权的保护范围将得到极大的拓宽。很多国家的专利法虽然对索赔内容都有明确规定，但是未限定何种特征可以被"解释"到权利要求中，这在一定程度上也造成了专利权的索赔范围在不同国家之间的差异。

6. 专利执法体制

任何一部法律运行过程都是立法、执法、司法、守法与监督各个程序的统一，专利法也是如此。实质上，"法律形成"与"法律实现"是两个不同的过程，立法机关制定好相关的法律之后，并将其实施，但是并不一定带来立法所希望的经济社会秩序，形同虚设的法律比比皆是。执法体系包括执法主体职责的明确规范、执法人员的专业素质、执法力度的有效监督、公平公正可执行的执法过程等。专利行政执法机制必须更为成熟与合理，才能保证法律的有效实施。

专利执法在专利制度中占有重要地位，不论立法多么完美，问题的关键还在于执行的层面，此外，在很多国家专利的立法与执法存在双重动机，这就导致对执法问题的研究更应该加以重视。各国专利制度的执法体制存在着巨大的差异，在发达国家，或者是因为各国的执法体系发育程度不同，或者是因为每个国家特有的文化背景的不同，导致专利执法体制的效率存在着差异，这种差异或许是目的性的，也可能是非目的性的。在发展中国家，往往是想要获得全球一体化的益处，而不想履行相关的义务，所以为了满足国际协定的要求而存在完整的专利法，但是为了保护本国的利益，而又主动地放弃执行本国的专利法。

7. 专利费用

专利费用包括很多种类，不仅包括专利申请费、审查费、维持费、诉讼费等有形费用，也包括人们申请维持专利所付出的精力和机会成本等无形费用。大量的研究表明，专利费用的高低能够改变专利申请的决策。从成本—收益分析的角度看，如果专利制度的费用过高，那

第4章 中国专利制度有效性的理论分析

么利用专利的成本也就越大,一些质量不高、效益不好的申请者可能会放弃申请。

此外,大多数国家的专利年费采取一种累进制收费,这样可以敦促专利实施。在累进制年费制度下,随着保护期的增加,年费增加。一项发明在产生并被授予专利以后,最重要的事情就是实施。在开始,较低的年费可以鼓励专利权人通过各种形式,如租赁、买卖、投资入股等形式,实施其专利。也相当于政府给专利权人一笔转移支付鼓励其实施。当专利被实施以后,如果市场前景广阔,专利权人自然就愿意继续拿一笔钱来支付以后的专利年费。如果市场前景不好,专利权人可能会放弃其专利权,否则,他就要支付逐年递增的专利年费,显然得不偿失;另外,对于那些持专利权待价而沽的专利权人而言,他们的最优选择是尽快实施其专利,否则,随着时间的推移,专利的市场价值将下降,而所需缴纳的年费却逐年递增。

8. 强制许可

专利的强制许可制度,也称非自愿许可制度,具体是指一国专利主管部门,依照法律规定,在不经专利权人同意的情况下,将其发明或者实用新型专利进行强制实施的一种法律制度。由于强制许可并非出自专利权人的自愿授权,所以,对于专利权人来讲,强制许可是一种权利限制。强制许可可以有多种实现方式,既可以与专利权人协商赎买,也可以无偿强制占有。因为,如果专利权人是理性的,那么对符合自身利益的事情就用不着政府来强制实施了。所以,一般情况下,强制实施的都是与专利权人利益不符合的。

强制许可制度也是保证专利制度有效性的重要手段。一般在下述情况下,实施强制许可:第一,拒绝交易。专利权是一种合法的垄断权,但专利持有人如果滥用其垄断地位,并拒绝将其专利交易的,相关部门可以对其进行强制实施。第二,在一些紧急状态和极端情势下,需要将专利进行强制实施。第三,反竞争行为。强制许可可以以救济反竞争行为为由,当专利垄断造成技术发展停滞不前时,应当考虑其是否构成反竞争行为。第四,非商业公共使用。当政府部门为完成一些特殊的使命需要使用受保护的专利时,可以进行强制许可。

4.1.2 专利制度的政策目标及实现

按照专利制度的功能目标划分,专利制度大致可以分为两类:第一,倾向于技术扩散机制的专利制度;第二,倾向于促进技术创新机制的专利制度。两种作用机制中专利制度的形态截然不同,而且两种目标不能兼得。

实现技术扩散大致上可以通过两种方式:第一,通过竞争对手的模仿;第二,通过技术交易来实现。如果以模仿方式实现技术扩散,专利保护拥有较少的专利宽度和专利长度,可以保证模仿者较为容易地获得新的技术,同时,要求专利的信息披露尽可能全面,专利执法体系不利于创新者维护自身的权益,而有助于模仿者侵权。以模仿的方式实现技术扩散的同时,必须注意到专利申请的积极性,所以采用先申请授权来激发专利竞赛。

如果以技术交易方式来实现技术扩散,情形就不同于模仿的方式,就需要专利制度在一定程度上维护创新者的权益,信息需要适度披露,审查期限较短,同时减少技术交易的费用。在表 4-1 中,将各种政策工具使用的程度划分为 5 种程度,1 为最低限度,5 为最高限度。发挥专利制度技术扩散功能需要表 4-1 所列的政策工具的配合。

表 4-1 政策工具配合与技术扩散目标的实现

政策工具	1	2	3	4	5
专利宽度	√	O			
专利长度	√		O		
申请标准	√		O		
披露程度			O		√
审查期限	O				√
强制许可			O		√
专利费用	√O				
专利执法	√				O
专利诉讼	√				O
授予原则	先申请授予√			先发明授予	

注:√是模仿的方式实现技术扩散,O 是技术交易的方式实现技术扩散。

创新可以分为离散性创新和累积性创新。如果是离散创新的条件，那么专利设计只要使得专利申请能够获得相应的收益，专利长度和专利的宽度导致专利权人能够最大限度地减少模仿者的侵权活动，同时必须建立透明的专利执法体系。如果是累积性创新，那么必须考虑限制访问的负面影响，这样专利保护的强度就不应该促成其他市场竞争者的技术壁垒。所以在累积性创新条件下，专利的长度和专利的宽度，应该保留一定的余地。同样，在表 4-2 中给出了专利制度实现技术创新功能的政策配合。

表 4-2 政策工具配合与技术创新目标的实现

政策工具	1	2	3	4	5
专利宽度		O			√
专利长度			O		√
申请标准				√O	
披露程度					√O
审查期限	O√				
强制许可			√		O
专利费用					√O
专利执法					√O
专利诉讼					√O
授予原则	先申请授予			先发明授予√O	

注：√ 是离散创新条件下技术创新的实现，O 是累积创新条件下技术创新的实现。

4.1.3 专利制度的适用性理论分析

（1）根据发展水平确立相应的专利制度。专利保护强度要因地制宜，因经济发展水平而异。源于在微观层面企业创新和模仿的权衡，发展中国家对于专利制度的安排，要围绕本国经济发展水平而制定相应的战略性政策。在经济发展水平的不同阶段，采取不同的专利保护战略，这也是市场经济运行的本质要求。总体而言，专利保护水平要经历由弱到强的变化趋势。

（2）根据开放程度确立相应的专利制度。随着经济全球化深入发展，对外贸易与外商投资日益扩大，全球生产和贸易方式正在发生激烈的变革，企业则暴露在激烈的市场竞争当中。在对外开放过程中，需要用专利制度来协调各方的利益，布局与谋划自身的长远发展。发展中国家专利保护的战略目标应该是以市场优势和劳动力的比较优势，换取发达国家的先进技术。这样就要求专利制度倾向于技术扩散。但是，反过来如果一个国家更需要技术创新来驱动经济，就必须采取严格的专利保护，考虑到开放程度，必须同时要求外国的贸易伙伴采取一定的专利保护。

（3）根据科技体制确立相应的专利制度。如果一个国家注重公共投入来激励创新，那么相应的专利制度要倾向于技术扩散，而当一个国家的科技体制由市场中的企业担当创新的主要角色，那么相应的专利制度就要适度地倾向于技术创新。另外，像中国这样大规模采用科技政策来支持企业创新，相应的专利制度就要注重专利的产业化。专利制度应该介于技术创新与技术扩散之间。

（4）根据竞争程度确立相应的专利制度。如果一个国家或者地区企业之间竞争很激烈，那么专利制度的严格保护，可能会引发专利竞赛，从而浪费创新资源，这时候就应该采取倾向于技术扩散的专利制度。如果一个国家或者地区企业之间的竞争不是很激烈，就应该采取倾向于技术创新的专利制度，鼓励技术变革，淘汰那些没有创新能力的企业。专利保护和公平竞争之间又是一个相辅相成的关系，专利保护可能会引致垄断，瓦解竞争。但是，如果没有专利保护，任凭别人侵犯自己的知识产权，又会造成不公平的竞争。因此，专利制度与竞争机制应该协调平衡。

（5）根据技术差异与行业异质性确立相应的专利制度。专利保护政策应具备明显的区域性、阶段性和行业性。因为不同的区域、不同的阶段与不同的技术行业，对于专利制度的诉求不同，引发不同的动机行为，这就要求专利制度能够趋利避害。总体来讲，技术水平较低的地区或产业，应实行宽松的专利保护政策，而技术水平相对较高的地区或产业，应实行严格的专利保护政策。专利设计要充分考虑到这些异质性，制约企业有害行业竞争与发展的行为，要激励有利于行业竞争与发展的行为。

4.2 中国专利制度的有效性评价

中国的专利制度很适合促进技术扩散，但是在促进企业技术创新方面还有很大的不足。下面通过对专利制度的各种政策工具的讨论，来具体阐明专利制度的差异性，并且配合中国的经济环境与相应的企业诉求，来揭示中国专利制度的有效性问题。

4.2.1 中国专利制度的特点

（1）专利的申请标准。中国授权的专利在新颖性与创造性方面，远远逊色于美日欧等发达国家。典型的事实特征是中国专利制度严重依赖于实用新型和外观设计。实用新型专利又被称为小发明，它的创造性远远低于发明专利的标准；外观设计只需要表现出新奇，而不是创造性，就可以取得专利保护。在实用性方面，中国的科技体制主要以论文与专利为产出指标，导致了中国专利的实用性较差，出现了所谓的高新技术与产业脱节的问题。近年来，中国的《专利法》对于专利申请标准的规定有所提高，用"绝对新颖性标准"替代了"相对新颖性标准"。

（2）专利的信息披露。中国现行法律没有规定具有法律约束力的技术披露义务，也就是说中国专利的信息披露与美国模式相近。《专利法实施细则》第十七条规定：专利说明书应当包括背景技术的内容，写明对发明专利或者实用新型的理解、检索、审查有用的背景技术；如有可能，并引证反映这些背景技术的文件。但是，中国的《专利法》并没有规定申请人在专利说明书"背景技术"部分中对发明技术进行披露的具体要求，也并未规定申请人如果不予披露或未能真实披露的法律后果。

(3) 先申请授予原则。中国的《专利法》第九条规定：专利授权采取先申请授予原则，即同样的发明创造的拥有者中，如果谁最先申请了专利，谁就获得专利授权。这种规则消除了许多专利的最初发明者身份，并且诱导企业做出迅速披露与提前申请的决策。不论能否取得专利权，专利申请的前提就是要将发明内容对外公开。一些企业往往将自己苦心多年的研发成果为了申请专利而无条件让竞争者学习，而取得了专利之后，却丧失了后续的研究优势。另一些企业往往在此基础上进行更为成熟的研究，建立竞争优势。

(4) 专利的宽度。中国的专利法对于专利的保护范围做出了明确的规定，而司法机关在判断是否构成侵权时，需要根据具体的案情和综合利用相关原则进行判断。中国《专利法》第五十六条规定：专利保护的范围以说明书中的权利要求为基准。其中暗含意思是，允许利用说明书和附图对权利要求的表达范围做出一定程度的修正。从法律层面上讲，中国的专利宽度，是介于单纯的保护技术核心说本身与连同保护技术外围之间，具有很大的弹性，专利权的保护范围具有模糊的边界。

同时，中国专利法在侵权判断时，也采取全面覆盖原则和等同原则，国家知识产权局的《审查指南》规定：以基本相同的方式，实现基本相同的功能，达到基本相同的效果，构成侵权。因此，在法律层面上，中国的专利宽度做了合理的规定，但是专利宽度的最终确定却是由司法实践来决定，在这方面，中国专利保护范围要狭小了很多。

(5) 专利的执法体制。中国专利保护的执法体制是一种"多管道平行与协调运作"的模式。当发生专利侵权时，专利持有人既可以向法院起诉，也可以向相关的行政管理机关提出申诉。有权受理专利纠纷案件的一审法院是省、自治区或直辖市政府所在地的中级人民法院，以及最高人民法院指定的其他中级人民法院。由此可见，专利的执法权力在于地方政府。虽然中央在一些方面竭力控制各个省份，但是在和地方利益产生冲突的时候，常常是"上有政策，下有对策"。在专利保护的问题上，地方政府凭借在信息获取上的优势，经常基于自身利益行动,令中国的专利执法不容乐观。①

(6) 专利费用。根据国家知识产权局网站提供的数据,中国专利费用相对较高,申请一件发明专利的有形费用大概在一万元人民币左右(见附录1,2),人们往往寻求知识产权代理中介来完成,但是价格不菲,而申请专利背后付出的无形费用则更高,经济投入非常大。然而,中国政府采取了知识产权补贴政策,这样一来,申请专利费用的成本便在一定程度上减少了。这是一种以补贴来弥补专利制度的低效策略。

中国专利制度的政策组合如表4-3所示。

表4-3 中国专利制度的政策组合

政策工具	1	2	3	4	5
专利宽度		√			
专利长度				√	
申请标准		√			
披露程度			√		
审查期限				√	
强制许可		√			
专利费用			√		
专利执法		√			
专利诉讼		√			
授予原则	先申请授予√			先发明授予	

(7) 强制许可。强制性专利许可削弱了专利制度在界定发明的财产权方面所起的作用,但是在特定的情况下这是非常必要的。国务院专利行政部门可以在某些情况下对专利实施强制许可。按照中国《专利法》第十四条,中国国有企业事业单位、集体所有制企业和个人的发明专利具有重大公共利益的,经国务院批准,允许指定

---

① 知识产权管理部门可以采取各种处罚措施,当事人对行政处罚决定不服,有权向上一级主管部门申请复议,或向人民法院提起行政诉讼。所涉及的知识产权管理机关包括知识产权局、工商行政管理、文化管理、农业林业主管部门、公安、海关等部门,按不同的职能管理不同的知识产权类型或事项。

单位强制实施专利许可；第四十九条规定的"在国家出现紧急状态或者非常情况时"，可以对专利进行强制实施；第五十条也在情理之中，它涉及上游专利或下游专利的强制实施问题，这对新兴产业的兴起非常有利。值得注意的是，外资企业的发明专利不在强制许可之列[①]。总体来讲，中国专利权的强制许只是泛泛而谈，缺乏精细有效的设计。

4.2.2 专利制度的国际比较

本书以中国专利制度为中心，对比美国专利制度、欧洲专利制度与日本专利制度，剖析它们各自专利制度的特点，以期获得其他国家利用专利制度的经验与教训。

1. 美国专利制度

美国作为世界上最成熟的经济体，其专利制度的建设也是相当成熟的。美国专利法体系庞大且法律内容繁多，但又往往能及时反映专利保护最新问题和立法发展趋势。具体而言，美国专利制度主要有如下特点：

（1）专利申请标准高。美国的《专利法》明文规定，专利申请要符合"新颖性、实用性和非显而易见性"的授权标准。新颖性方面规定，即发明创造与现有技术相比具有明显的新的特征。在实用性方面，美国的《专利法》要求被授权的专利必须"足够实用且足够重要"。虽然美国专利的类型包括实用专利，需要注意的是美国的实用专利绝不是中国的实用新型，而是除了植物专利和外观设计之外其他专利的统称[②]，在美国不保护实用新型专利。美国专利划分类型涵盖了多个领域，但是每个领域的申请标准却很高，说明美国专利制度在更多领域得到了有效的应用。

---

① 内资企业通过与外资合资，组建合资企业，然后以合资企业的名义申请专利，达到规避强制许可条款的目的。这也可以在一定程度上解释为什么目前中国三资企业申请的专利数要高于内资企业。

② 这并不是美国的独特之处，因为世界上不保护实用新型的专利局还有很多。

第4章 中国专利制度有效性的理论分析

（2）先发明授权原则。在《美国发明法案》中规定，如果是同样的发明创造被不同的人提出专利申请，专利权应该授予最先做出发明的人。它与先申请原则截然不同，后者规定同样的发明创造的专利权，应该授予最先提出申请的人。当今世界上，只有美国和菲律宾采用先发明原则，而其他专利局均采用先申请原则。先发明原则能够很好地保护最初发明者的利益，鼓励原始创新，但是却不能鼓励发明进行专利申请。此外，此项制度安排在执行时遇到了种种的困难，因为比较难以界定新技术的最初发明者，因此，在最新的《美国发明法案》中更改了这一原则，采取了先申请发明原则。

（3）专利保护的主题与范围。美国《专利法》第一零一条规定：只要其符合授权的条件和要求，任何人发明或发现任何新的且有用的方法、机器、产品或物质的组分，或对它们有任何有用的改进，都可以因此而获得专利权。经过比较，美国专利保护主题的独特之处在于保护软件、商业方法和互联网方法，而世界其他绝大多数知识产权局都不予以保护。此外，美国的《专利法》也保护动植物新品种。然而，为了防止核扩散，美国《专利法》将用于武器的核材料和原子能排除在专利法保护的范围之外。

美国对专利侵权的保护范围是一种被称作"周边限定制"的原则，美国的《专利法》规定，专利权的保护范围完全以权力要求的文字内容确定，不能做扩大解释，被控诉侵权的行为必须重复了技术说明书中的全部技术特征。在实践中，完全仿制的侵权行为并不多见，因此美国的专利保护范围也没有想象中那么大，但是美国的司法实践的成熟却能够让专利权人的权利要求得到落实。

（4）全审查制及临时申请。与中国不同，美国的《专利法》规定，任何形式的发明创造如果要申请专利都要受到实质审查。然而，先前美国知识产权局采取一种临时申请的做法，这种临时申请可以不进行审查，只进行登记，但在一年内必须转成正式申请。由于不对临时申请进行审查，所以临时申请的要求比较低，发明人可以在发明没有完善的情况下提出临时申请，在一年内完成了发明后再提出正式申请。这样实际上也给申请人提供了选择申请是否要求审查的机会。另外，美国专利制度的审查效率非常高，同时又具有相当大的灵活性，能够让专利持有人自行做出有利于自身的决策。

（5）信息披露要求。由于美国实行的是全审查制，只要提出了专利申请，就会自然进入到实质审查的阶段。先前，美国的专利制度不进行早期公开，直到授权后才予以公布，现在美国知识产权局意识到其中的弊端，也采用了专利申请的早期公开制，但是申请人可以提出合理的理由要求不公开。按照美国专利法，申请人必须是发明人。所以，美国专利制度的信息披露功能有所加强，当然，由于没有强制性披露的具体要求，很多专利的技术细节仍然不被人知晓。

（6）专利费、专利审查与专利诉讼。美国的专利法历经数次修改，发展已经日臻完善。申请程序复杂，审批效率低下的通病已经得到了很好的克服。如果是争议性不大的发明技术，在美国的专利制度体系下，以很低的成本在最快的时间内就可以获得专利权。但是，如果是有争议的发明技术，专利制度为追求公平公正的目标，就会令争议双方有充分的时间和权力去抗辩，因此，这些专利的申请往往是困难重重。

美国专利制度的政策组合如表4-4所示。

表4-4 美国专利制度的政策组合

政策工具	1	2	3	4	5
专利宽度				√	
专利长度					√
申请标准					√
披露程度			√		
审查期限		√			
强制许可				√	
专利费用				√	
专利执法					√
专利诉讼					√
授予原则	先申请授予		先发明授予√		

2. 欧洲专利制度

中国专利实务界大多熟悉美国与日本的专利制度，对于欧洲专利

第4章 中国专利制度有效性的理论分析

保护制度了解不多,因此望之却步,前往欧洲申请专利者,相对极少。欧洲拥有统一的专利制度,但是欧盟各国迈向真正的专利一体化的目标还任重道远。欧洲专利一体化,为欧洲企业内部的技术交流、拓展技术市场空间等方面带来收益,但是欧洲各国语言、文化和利益诉求方面有很多差异,这使得欧洲专利制度在一定程度上不能灵活地适应欧洲各国的发展需求。

(1)专利质量。欧洲专利只有发明专利,欧洲专利数量相对较少,但是质量享誉全球。专利申请标准依然是满足新颖性、创造性与实用性,但是较高的专利费用迫使企业放弃申请低质量的专利。因此,欧洲目前专利数量远不如美国、日本以及崛起中的中国。

(2)欧洲的专利保护范围。《欧洲专利公约》第六十九条说明,欧洲专利或欧洲专利申请给予的保护范围取决于请求权项内容,与中国类似,技术发明的说明书与附图可以用来解释权项。为了避免出现模糊的空间,《〈欧洲专利公约〉的补充议定书》又对此进行了补充,公约第六十九条不应当被解释为:欧洲专利给予的保护范围必须按照权利要求书文字的字面含义来理解,说明书和附图仅限于用作解释权利要求中含混不清之处。这表明,欧洲大陆国家采用的是一种"中心限定"原则,既保护文字说明的专利权利,又可以将技术说明做出一定的解释和延伸。从法律层面可以看出,欧洲的专利保护范围应该是最大的。

(3)专利费用。欧洲专利相关费用也比美国及日本贵5倍以上。目前通过欧洲专利申请专利的成本大约是36000欧元,主要的花费是在语言翻译以及在各个会员国内的专利申请。除了申请费用,企业也需要在各国缴纳不等的维持费用。同时,提案中也重申多重专利诉讼的问题,除了造成庞大的诉讼费用以外,专利诉讼的法律不确定性也会影响企业投资、产品生产等重要商业决策。

欧洲专利制度的政策组合如表4-5所示。

表 4-5　欧洲专利制度的政策组合

政策工具	1	2	3	4	5
专利宽度					√
专利长度					√
申请标准				√	
披露程度			√		
审查期限				√	
强制许可			√		
专利费用					√
专利执法					√
专利诉讼					√
授予原则	先申请授予√		先发明授予		

（4）审查制度。《欧洲专利公约》规定，欧洲专利申请采行早期公开及请求审查制度。欧洲专利审查也有自身的特点，就是存在授权后异议的制度。欧洲的专利权一次可以向指定二十多个国家申请保护，在欧洲一体化的今天，这样的专利审查制度便于管理，比向欧盟各缔约国逐一提出申请更迅速、经济。欧洲存在统一的专利局，它的职责是受理、检索、审查及专利的核准程序，已获准的欧洲专利，在向各指定国办理领证程序后，可以行使其专利权。

（5）信息披露。《欧洲专利公约》规定，专利申请人需要对审查部门进行完全披露，但是不需要对全社会完全披露。欧洲建立了专门的技术检索部门，从而保障了现有技术检索的时间，在大多数情况下产生了质量较高的专利，当授权专利之后，对技术的实现方式与方法给予一定的保密。

3. 日本专利制度

日本为适应国内在科技引进、改良与创新方面渐次发展，积累发展了一整套专利制度的成功经验。中国在改革开放之初，积极借鉴日本经济成功的经验，专利制度就是其中的一个方面，中国专利制度的建立就是以日本专利制度为模板。但是，近年来日本经济停滞不前，原创性的重大技术创新得不到很好的制度支持，日本专利制度的弊端

第4章 中国专利制度有效性的理论分析

又显现出来,这又为中国提供了反面的教训。

(1) 日本专利申请标准。与中国相类似,日本专利申请也要求具有新颖性、创造性和产业上能利用的可能。在日本,同样存在实用新型专利,其创造性高度低于发明创造性高度,并且发挥了积极的作用。然而,日本存在实用新型申请与发明专利申请相互转化的制度。如果发明专利达不到相应的标准,可以转为实用新型专利申请;反之,如果实用新型专利达到了发明专利的申请标准,可以建议申请发明专利。在这一点上,日本比中国的专利制度更具有灵活性。

(2) 日本专利授权的实质条件、审查程序等方面,也与中国的专利法较为相似。但是,相比之下,日本专利制度程序中的负担较少,费用较低,提供更为宽松的权利恢复要求,实行实质审查制度,并且采取请求审查制。在2001年以前,发明专利请求实质审查的时间,是从申请日起7年之内;因为这一期限较长,在2001年改为从申请日起3年请求。日本发明专利申请的实质审查具有多种方式,其中包括优先审查、早期审查和超早期审查等程序,来满足申请人的时间偏好。总体来看,日本专利审查的效率高于中国。

(3) 日本专利保护具有狭窄索赔的特点。早期日本的专利司法实务中,对等同原则的适用也往往持消极的态度(中山信弘,1998),有时候即使明确构成侵权,日本的司法体系也会置之不理。日本主要的战略意图是,围绕欧美的基础性关键专利,申请出具有适用性的大量小专利,借此包围这些关键性的技术,使基础性技术专利难以获得应有的效果。这使得日本一度成为最有竞争力的国家。然而,由于技术模仿优势的耗尽,当前日本的专利制度显然不适合进一步激励日本的技术创新。在此背景下,日本最高裁判所在1998年[①],正面肯定了等同原则,并详细地论述了等同原则的适用条件。因此,现在在日本,等同原则已得到了完全的确立。

(4) 在专利执法与诉讼方面,日本专利制度优于中国,主要是因为日本的专利法律经过多年的实践摸索,在专利制度运行上更加科学

---

① 见日本《最高裁判所民事判例集》第52卷第113页;判例时报第1630号第32页。

化与法制化。日本的专利法严谨规范且详尽具体,便于执法操作和保持执法的统一性。日本在专利执法方面,更加倾向于保护国内创新者的权益,而对外国专利则较为轻视。另外,日本在专利诉讼环节上,也有很多成功之处,例如,损害赔偿额的举证方面极为困难,日本法院在认定存在损害的情况下,根据口头辩论的全部内容和调查取证的结果,综合认定适当的损害赔偿额。

日本专利制度的政策组合如表 4-6 所示。

表 4-6 日本专利制度的政策组合

政策工具	1	2	3	4	5
专利宽度		√			
专利长度				√	
申请标准			√		
披露程度					√
审查期限	√				
强制许可			√		
专利费用		√			
专利执法		√			
专利诉讼		√			
授予原则	先申请授予√			先发明授予	

4.2.3 专利制度与中国后发追赶的机制

从上文中的比较分析可以得知,中国的专利制度是倾向于促进技术扩散的,既然如此,那么专利制度的这种功能又会通过何种途径或者何种具体的形式体现出来呢?经过细微的观察研究,笔者发现,在中国专利制度下存在着以下四种机制,促进了中国企业的后发追赶。

(1)专利制度提供对逆向工程的激励机制。

逆向工程又被称为反向工程,在军事技术和商业技术的获得中广泛应用。它是对一种目标产品进行逆向分析及研究,从而演绎并得出该产品的处理流程、组织结构、功能特性及技术规格等设计要素,以再现一种产品设计技术过程。简而言之,就是在不能轻易获得必要的

第4章 中国专利制度有效性的理论分析

生产信息下，直接从成品入手进行分析，推导出产品的整个设计原理和工艺流程。

中国的专利制度拥有较低的申请标准，这使得相关的创新机构受到专利制度的激励，能有效地进行专利竞赛。专利竞赛促使中国出现大量的反向工程的专利产品，有利于中国学习和引进国外先进的技术知识，实现技术追赶。大量的外国技术并没有在中国申请专利，而是以商业秘密的形式进行保护，中国企业对其进行逆向工程从而获得这种技术，并且将其申请专利，这样一来便实现自己的技术独占。逆向工程获得的技术填补了国内的技术真空，企业能够迅速地推出自己的产品，这些产品具有价格优势，能够使得国外的竞争对手放弃垄断定价的行为决策，有助于技术的进步和社会福利的增加。

（2）专利制度降低了技术市场的交易费用。

Arow（阿罗）早在1962年就指出技术交易存在高昂的交易费用。这些费用包括外生的交易费用和内生的交易费用。外生的交易费用包括搜寻成本、服务费用和知识产权的交易成本等。[1]而企业在购买一个潜在的创新技术付给创新企业技术许可费之前，很自然地要求了解和检验创新技术的价值和效果，然而潜在的购买企业一旦了解了该技术核心部分，很可能采用模仿创新的策略，拒绝付出技术许可费，这就产生了机会主义的内生的交易费用[2]，往往使得技术交易市场受到威胁。

申请专利保护是解决此类技术交易问题的一种有效途径。专利以法律的形式明确界定了产权，技术交易得以进行。企业之间通过专利的买卖，增加了相互的技术交流，这为促进知识共享提供了有利的工具。专利技术交易以专利技术许可和专利技术转让的形式进行。技术

---

[1] Jeremy 和 Cross（2003）将技术的交易费用分为以下3类：（1）搜寻费用，这类成本主要是由技术许可双方咨询、评估、选择潜在对方并同合适的对方签订技术许可契约而引起的成本；（2）服务费用，这类成本主要包括对被许可技术进行适合交易的成文化处理的成本、提供和技术相关的管理以及培训支持等的费用；（3）技术产权保护成本，这类成本主要包括技术产权维护特别是专利技术的维护成本、技术许可契约到期后的防止未被许可的技术使用者的无偿使用等成本。

[2] 杨小凯、张永生（1999）认为内生交易费用是机会主义对策行为所导致的交易费用，是各种自利决策之间的利益冲突所导致的经济扭曲，是市场均衡与帕累托最优之间的差额。

交易是有关技术相关权能①的交易，这种交易解决了企业内部知识资源利用和外部知识资源获取的问题。

毋庸置疑，技术交易对于技术发展起到了举足轻重的作用。中国的专利制度有助于技术市场的运作，提高了技术知识的利用效果。虽然整体来看中国的专利制度存在着较为高昂的交易费用，但是在促进技术转让方面确实相当便捷，政府创造了诸多的条件鼓励这种技术转让。

从国外的角度来看，外国企业在向中国企业转让技术时，专利制度提供了有效的支持作用，因为他们不再担心自己的技术会被无限的复制。从国内的角度来看，随着中国经济的不断发展，企业、科研单位等各主体之间的技术往来也非常频繁②，专利制度提供了很好的保障。

（3）专利制度促成了中国企业的模仿创新。

模仿创新③可分为侵权模仿和非侵权模仿两种。触犯了专利权利界定的范围，称之为侵权模仿。侵权模仿因为中国专利制度地执法体系松散，侵权人不仅得不到相应的处罚，反而明目张胆地进行技术获取，并且"欢迎"专利权人运用法律手段来解决纠纷。中国存在大量的山寨产品，不仅使得外国企业流失技术获利的空间，同时国内企业也深受其害。非侵权模仿是指规避专利权利的保护范围，因为中国专利保护的狭窄索赔，模仿者只需要花费一定的成本就能开发出具有差异化的技术，这也导致技术的传播速度加快。

专利保护的范围、信息披露的程度与速度会对模仿创新产生影响。专利技术的狭窄索赔导致中国的企业能够相互模仿而不受法律的追究。专利制度需要通过大众媒介传播专利披露的技术信息。一项新技术在国内市场出现，国内企业用不了多少时间就会令这项技术迅速地传播开来。披露时间越早、披露的技术规模越详细，就越容易被竞争

---

① 如所有权、使用权、产品销售权、专利申请权等。
② 据中国技术市场管理促进中心报道，截止到 2004 年 12 月 20 日，全国共签订技术合同 264638 项，技术合同交易额 1334.36 亿元，增幅达 23.01%，平均每份技术合同成交金额为 50 万元，比上年增长了 24.58%。
③ 模仿创新不同于逆向工程，模仿创新是正向的研究开发，是以现有的专利技术为依托，进行消化吸收的二次创新。

第4章 中国专利制度有效性的理论分析

对手学习和改进。在中国披露期间,竞争对手被允许检查和反对应用,以及使用发明,而无需支付特许权使用费,直到技术被授权专利。

(4) 专利制度促成了资源在公共部门的有效配置。

前文的分析已经指出,中国的科研单位积聚了大量的科技资源,为中国科技进步做出了巨大贡献。基础研究同样可以产出专利,而专利产出又成为调配科技资源的重要指标。从专利投入—产出的角度来讲,基础研究的专利产出相对较少,截止到2003年底科研单位累计申请专利仅占中国专利职务申请的9.9%,近年来更有下降趋势。但是科研单位的专利质量很高,在三种类型的专利之中,发明专利申请更是占其专利申请总量的75%以上。

通过将资金投入到公共科研部门,政府可以直接干预知识的生产,其中专利制度发挥着不可替代的作用。因为知识具有公共物品的属性,政府进行干预,然后将知识作为公共物品提供给社会,这样效果可能会更好。政府进行科技投入和产出,大学与科研院所变成了主要的对象。专利数量与论文数量是引导公共资源在创新机构里分配的主要依据,科研工作者如果想要申请国家项目基金,除了技术方案以外,还需有证明自己实力的专利和论文,其中专利和论文作为一种信号传递给政府的科技决策部门。

中国政府利用大学和科研机构等公共部门的方式很独特。科研机构申请专利的动机,无外乎是想获得学术荣誉、学术地位、国家的科技立项资金。在中国现行的专利政策和环境的综合影响下,大学教师不仅追求学术地位和影响,同时也追求获取财富,这就导致了专利的实用价值或者商业价值被忽略,或者说中国高校专利的"工具性价值"[1]被忽略。不难发现,中国高校的专利数量众多,其中存在很多"泡沫",而且专利市场收益很小[2]。但是,这不能从总体上否定中国专利在公共资源配置方面的正向作用。

---

[1] "工具性价值"是相对于"目的性价值"而言,前者只关心专利的学术影响,而后者则关心专利的实际用途和商业利益。

[2] 美国高校及其教师进行专利活动的唯一目的是为了获取专利的商业利益,即把专利卖给企业,因此美国专利的市场收益较高。

4.3 专利制度下的相互博弈与技术进步的实现

专利制度的功能是复杂多样的,申请专利的动机也是复杂多样的,中国专利制度下的行为博弈也不一而足。从更加微观的层面来讲,专利制度有效作用的四种机制,主要都是通过参与者之间的博弈来实现的。

在逆向工程的实践中,中国企业将逆向工程的技术成功申请专利,获得技术市场或者政策资助等收益;而技术的原始拥有者,就需要视技术被破译的难易程度,以及中国的专利保护情况,来决定是否将自身的技术成果在中国或者在国际合作条约内申请专利。

在技术交易方面,如果外国或者本国拥有先进技术的企业不将自己的技术申请专利,那么它向其他企业转让自己的技术后,后者可能会向外泄漏相应的技术,从而使最初的技术拥有者面临巨大的损失。如果将技术申请专利,那么就可以将专利以特别许可的形式进行交易,获得所有专利使用的专利费用。因此,企业之间在这个问题上,同样面临着利益权衡和策略互动。

在模仿创新方面,Markus(2002)曾经说过,专利政策的制定要在以垄断代价激励创新与实现技术扩散之间进行权衡。如果采取严格的专利保护,将会造成企业的垄断效应,但是,企业的创新激励却能得以实现;但是,如果采取较弱的专利保护,模仿者跟进,有利于技术扩散,但是却造成创新激励的缺失。如此一来,便需要权衡这两个方面,采取适度的专利保护。创新企业的策略是选择以专利的形式来保护自己的新技术,还是以其他替代机制来保护自己的技术。而模仿者则根据专利制度的保护情况,来决定是否进行侵权模仿。

在大学和科研机构等一些公共部门,同样存在着博弈行为。科研工作者如果将科研成果申请专利,那么可以获得科研经费和学术地位,如果不将职务发明申请专利,那么可能通过其他渠道获得这种发明技术的部分商业价值。而政府的决策就是选择何种程度的科研激励,如果科研经费较为合理,那么科研工作者就愿意将自身的研究发明贡献给国家。同时，我们也不难觉察到，在这其中隐含有很多因为信息不对称而滋生的道德风险和逆向选择的问题。因此，更加合理的机制设计是极为重要的。

从上面的分析可以看出，同样是一套专利制度，可以产生多种博弈对局，专利制度作为一种信念规则发挥了不同的作用。然而，从政策实践角度来讲，我们认为适度的微妙权衡是任何理性的政策设计者都难以达到的。专利制度的功能是在各种博弈对局中实现的，博弈的结果是促进了中国的技术进步。下面我们在博弈论的框架下阐述上述若干机制的实现。

4.3.1 博弈的主体、策略空间与收益函数

下面对于以专利制度为信念规则的博弈形式，包括博弈的参与者、各参与者的策略空间与收益函数进行界定和说明。

1. 专利制度下的博弈参与者

博弈的利益相关各方包括政府、企业和科研工作者。政府为了达成一定的社会目标，或者寻租官员为达到一定的私人目的，直接或者间接参与市场经济活动。[①]而产业组织理论认为，企业和企业之间存在着合作与竞争的关系。因此，专利制度下存在着政府与企业、企业与企业之间的博弈。另外，在大学和科研院所中，科研工作者也是博弈的参与者。因此专利制度下存在着政府、企业与科研工作者之间的博弈。当然因为博弈的对局各异，博弈者之间的角色可能是模仿者与创新者、技术拥有者和技术需求者、资金发放者和科研工作者等。

2. 各参与者的策略空间

在多个博弈对局中，一般情况下，博弈参与者有两种可行的策略，一是将自身的发明技术申请专利保护，另一种是不申请；其他相关参与者会采取应对行为，也有两种策略，包括侵犯其专利保护权利，或

---

① 一般情况下，政府是行为规则的制定者，不应直接参与博弈，政府设计专利制度的利益诉求是通过企业间接实现的。但是在一些转型经济体中，经常可以看到政府直接参与经济活动。

者是不侵犯其权利。当然,在政府与科研工作者的博弈中除外。科研工作者选择是否申请专利,而政府则依据专利申请发放科研资金。进一步,我们也可以细分企业的专利行为策略,包括申请专利前的发明创造活动、如何应对竞争企业的专利申请、受到侵权后的维权决策、专利维持的时间等,而相关企业的应对行为也可以逐步细分,包含是否侵权、在何种程度上侵权、以及被诉讼后的解决方式等。

3. 各参与者的支付函数

博弈参与者在决策与行动之后,会评估自身预期的目标是否达到。这就涉及博弈参与者的支付函数,支付函数包含了行动的收益和成本。博弈参与者可以从申请专利的行为中,获得自身所需要的,而其他博弈参与者,也能从中获得相应的收益。

比如,博弈参与者如果是以政策获取为专利目标,那么同时也会带来信息披露的损失,还会付出专利费用,那么企业申请专利,就要权衡这两方面的效应。与此同时,相关的博弈参与者会从专利中获得相关的信息,决定自主研发、改进还是直接侵权模仿,因此相关的博弈参与者也存在利益权衡。在表4-7中,本书给出了中国专利制度下四种作用机制的博弈对局的参数。

表4-7 专利制度下四种作用机制的博弈对局参数

作用机制	博弈的参与者	参与者的策略空间	参与者的支付函数	专利制度的功能
逆向工程	先发企业与后发企业	企业1是否申请专利,企业2是否逆向研发	专利在一定程度上保护技术不被侵犯,但要付出专利费用	政策优惠 创新激励 信息披露
技术市场的交易	技术供给企业与需求企业	企业1是否申请专利,企业2是否再度转让相关技术	专利在一定程度上保护技术不被过度复制,但要付出专利费用	技术交易 创新激励 信息披露
模仿创新	创新企业与模仿企业	企业1是否申请专利,企业2是否进行模仿	申请专利在一定程度上保护技术,但要披露信息,付出专利费用	技术扩散 创新激励
公共资源投入与知识共享	研究人员与政府	研究人员是否申请专利,政府发放何种规模的科研经费	申请专利获得国家科研资金,但需披露知识与付出专利费用	政策获取 创新激励 信息披露

4.3.2 制度分析的主观博弈论

博弈论在制度分析中的运用主要集中在以下三个方面：第一，将博弈规则视为制度，研究既定制度条件下的博弈结果。通常假定制度是外生给定的，主要研究和比较不同制度下资源配置的效率；第二，也是将博弈规则视为制度，但是它不研究既定规则下的博弈结果[①]，而是研究为达至某一博弈结果所需要的有效的博弈形式，这类研究体现在机制设计理论中；第三，制度作为一种内生于博弈的制度化规则或者达至某一均衡策略的共有信念[②]。这类研究将制度视为内生于博弈过程的均衡结果，尝试通过博弈论来阐释既定制度下，人们遵循制度形成的秩序的微观机制。

制度分析的博弈论应用，较为前沿的是主观博弈的分析范式。主观博弈能够刻画出真实世界的博弈过程。它主要强调参与者在重复博弈中对博弈形式的主观认知与主观学习。博弈对局中有关博弈参数（包括博弈者的集合、策略集合和支付集合等）都是主观的，同时主观博弈的博弈规则并不是外生给定，它是内生于参与者的博弈过程（黄凯南，2012）。可以看出，主观博弈是最逼近真实世界的博弈形式。

笔者认为，在中国专利制度下，企业行为的分析采用主观博弈论的分析工具是适合的。第一，专利制度是复杂的，这种客观的复杂性可能远远超越政策制定者和企业家的主观认知，人们一时间不可能完全弄清楚客观真实的专利制度，专利制度的应用过程同时也是主观认知发生改变的过程。第二，政策制定者和企业家行为是在主观决策的指引下完成的，这种主观决策完全有可能偏离客观的实际，从而无法达成主流经典博弈的结局，但是主观博弈是最能够逼近现实的。第三，主观博弈是动态变化的，这种变化过程包含了内部因素的不断积累和

[①] 机制设计理论可以在不完全信息条件下，通过明确考虑信息约束而设计出有效达至某种社会选择目标的机制。

[②] 由于博弈存在多重均衡，仅仅依靠原有博弈规则并不能预测具体的博弈结果，制度能够指导参与者采用某一均衡策略，从而降低博弈的不确定性。

外部环境的剧烈变化。这就为我们动态地分析专利制度有效性的实现机制提供了十分有利的工具。

4.3.3 专利制度下的主观博弈及技术进步的实现

1. 专利制度下主观博弈的一般形式

青木昌彦（2001）首先创建了制度演化的主观博弈模型，模型的思想吸收了古典博弈论和进化博弈论的思想，在一定程度上涉及各种内生与外生性因素，用来诠释制度变迁和一些策略互动的过程。这一模型的核心内容可以简化为以下公式。

参与人 i 的"技术可行"策略决策的客观集合 $A_i(i=1,2)$ 可以由一个无限维度的空间代表，但是在任何时点上都只有一个有限维度的子集处于启用状态，一个子集被选择之后将维持 S_i 个时期，该子集称为行动的启用集合。假设参与人共享一个关于专利制度公共信念系统 $\sum^*$，除此之外，当博弈的实际路径（策略组合）是 $s \in x_i S_i$，对于域的内在状态，参与人还形成关于专利制度认识的私人剩余信息 $I_i(s)$。私人信息与共同信念的加总就是参与人对于博弈对局的全部主观认知。

$$\sum\nolimits_i^* = \sum\nolimits^*(s) + I_i(s)$$

给定被认知的 $\sum^*$，博弈对局当中的每个参与人拥有一个后果函数：

$$\varphi_i(s, I_i(s_i) : \sum\nolimits^*, e))$$

式中，s_i 是参与人的决策，e 是参与人对博弈域外在环境的解释，具体取决于参与人的私人剩余信息 $I_i(s_i)$，这个后果函数就是参与人的主观推断规则。参与人从行动启用集合 S_i 中选择策略 s_i，其预期效用为：

$$u_i(\varphi_i(s_i, I_i(s_i) : \sum\nolimits^*, e))$$

将预期效用最大化，由此得出的策略选择称为最佳反应决策规则。另外，也允许某些参与人随机试验不同的决策规则。当不动点性质在

第4章 中国专利制度有效性的理论分析

博弈域的层次上成立,即对于任意的 $i \in N$,则:

$$\arg\max u_i(\varphi_i(s_i, I_i(s_i, s_{-i}):\sum\nolimits^*, e))$$

那么纳什均衡条件就得到满足,所有的参与人把 $\sum\nolimits^*$ 看成相关的约束,并相应采取行动,推动 $\sum\nolimits^*$(专利制度规则)不断确认和再生。

2. 专利制度下四种作用机制的主观博弈

鉴于利用专利制度的复杂性,对于专利制度下不同参与者之间的博弈,可能有多种情形,我们分别将中国专利制度下四种作用机制进行描述性分析:

第一种机制中,国外拥有先进技术的企业,考虑是否将自身的技术在中国申请专利保护,如果在中国市场诉诸专利保护,可能会因为得不到有利的保护而加速技术流失,同时还要付出高额的专利费用,但是如果能得到有效的专利保护,就会避免企业因为逆向工程而复制自己的技术。这一切取决于中国专利制度的保护程度和企业逆向研发的能力。外国拥有先进技术的企业对这些进行主观评估,在一段时期内,选择不将根本性的技术申请专利,而国内企业选择逆向工程研发相应的技术,两者达成了一种主观博弈均衡。

第二种机制中,企业可以选择技术交易,也可以放弃技术交易,政府选择保护专利技术,也可以采取薄弱的专利保护。采取严格的专利保护,可以使得企业之间加强技术交易,达到先进技术扩散的目的,但是同时也使得技术扩散受到专利制度的限制。政府权衡两方面的损失,主要取决于技术的复杂程度是否超出了国内企业的自主研发能力。如果外国企业采取不出售相应的技术,国内企业又无法自主研发出相应的技术,这样就减缓了中国的技术进步。所以在中国企业接收对外技术转让时,往往在一段时期内严格保护其技术,这样本国企业和外国先进企业达成一种主观博弈均衡。

第三种机制中,申请专利的企业可能因为专利保护,规避一定损失,获取一定的垄断市场空间,专利技术获得垄断的利润租金,但是同时忍受一定程度的侵权模仿,创新者和模仿者在利用专利制度上达成一定的共识,超出可忍受的范围,创新者寻求专利维权,专利制度能够给予保护。即使专利制度存在高额的交易费用,在产生纠纷的情况下不仅使得申请者付出代价,同时也会令侵权者付出代价,不到万不得已,相关博弈参与者不会采取两败俱伤的行动,这样专利制度仍然发挥着功能;另外,专利申请者可能并不担心自己的技术被模仿,因为专利申请可能是为了获取国家的各种优惠政策。

第四种机制中,政府选择是否进行科研立项,专利数量是证明自身能力的重要指标,是立项的重要因素。同时专利数量也是结项的重要指标,是证明自身科研价值的方法和手段。如果公共研发部门的研究人员不将自己的研究成果申请专利,政府可能就会对科研工作者的能力或者研究成果的质量产生质疑。这样,科研工作者采取的最优策略就是申请专利,专利产权归属科研单位,这些专利或者一些相应的科研成果,就由私人的科研工作者手中转化为了公共的基础知识。同时,政府和科研工作者双方达成主观的博弈均衡。

3. 模仿创新机制的具体博弈过程

针对模仿创新的作用机制,本书具体推导其主观博弈的过程。思路是,利用主观博弈模型将不完全信息静态博弈转化为完全信息静态博弈,通过求解混合策略均衡来解释专利制度下的策略选择问题。假设在市场中存在两个企业 A 和 B,双方都是独立的决策者。A 有两种策略,即申请和不申请专利;B 也有两种策略,即模仿和不模仿。T 为主观的专利制度变量。e 为参与人对博弈域外在环境的解释。

各种情形下,A 和 B 的主观收益函数为:

A 选择申请专利,B 选择模仿,A 的主观收益为 $\hat{\pi}_{A1}(T, e)$

A 选择申请专利,B 选择模仿,B 的主观收益为 $\hat{\pi}_{B1}(T, e)$

A 选择申请专利,B 选择不模仿,A 的主观收益为 $\hat{\pi}_{A2}(T, e)$

A 选择申请专利,B 选择不模仿,B 的主观收益为 $\hat{\pi}_{B2}(T, e)$

A 选择不申请专利,B 选择模仿,A 的主观收益为 $\hat{\pi}_{A3}(T, e)$

A 选择不申请专利,B 选择模仿,B 的主观收益为 $\hat{\pi}_{B3}(T, e)$

第4章 中国专利制度有效性的理论分析

A 选择不申请专利，B 选择不模仿，A 的主观收益为 $\hat{\pi}_{A4}(T, e)$

A 选择不申请专利，B 选择不模仿，B 的主观收益为 $\hat{\pi}_{B4}(T, e)$

假设 A 选择不申请的概率为 $P_A \in [1, 0]$，B 选择不模仿的概率为 $P_B \in [1, 0]$，此时，与混合战略相伴的是支付的不确定性，A 和 B 关心的期望效用 EU_A 以及 EU_B。A 与 B 的混合策略博弈支付矩阵可表示为表 4-8：

表 4-8 专利制度下模仿创新的博弈支付矩阵

	不申请专利 （概率为 P_A）	申请专利 （概率为 $1-P_A$）
不模仿（概率为 P_B）	($\hat{\pi}_{B1}(T, e)$, $\hat{\pi}_{A1}(T, e)$)	($\hat{\pi}_{B2}(T, e)$, $\hat{\pi}_{A2}(T, e)$)
模仿（概率为 $1-P_B$）	($\hat{\pi}_{B3}(T, e)$, $\hat{\pi}_{A3}(T, e)$)	($\hat{\pi}_{B4}(T, e)$, $\hat{\pi}_{A4}(T, e)$)

根据上面的支付矩阵，我们可以计算出 A 的主观期望收益：

$$EU_A = P_A[P_B\hat{\pi}_{A1}(T, e) + (1-P_B)\hat{\pi}_{A3}(T, e)]$$
$$+(1-P_A)[P_B\hat{\pi}_{A2}(T, e) + (1-P_B)\hat{\pi}_{A4}(T, e)]$$

B 的主观期望收益为：

$$EU_B = P_B[P_A\hat{\pi}_{B1}(T, e) + (1-P_A)\hat{\pi}_{B3}(T, e)] + (1-P_B)$$
$$[P_A\hat{\pi}_{B2}(T, e) + (1-P_A)\hat{\pi}_{B4}(T, e)]$$

由一阶条件可以得到，混合策略纳什均衡的解：

$$P_A^* = \frac{1}{1-\dfrac{\hat{\pi}_{B1}(T, e) - \hat{\pi}_{B2}(T, e)}{\hat{\pi}_{B4}(T, e) - \hat{\pi}_{B3}(T, e)}}, \quad P_B^* = \frac{1}{1-\dfrac{\hat{\pi}_{A1}(T, e) - \hat{\pi}_{A2}(T, e)}{\hat{\pi}_{A4}(T, e) - \hat{\pi}_{A3}(T, e)}}$$

可见，为了使收益最大化，A 以 $1-P_A^*$ 的概率选择申请专利，B 以 $1-P_B^*$ 的概率选择模仿 A 的创新技术。这些概率受人们对专利制度功能的主观认知 T 和外在的经济环境 e 决定。在中国的专利制度和经济环境下，大部分时间里，创新企业选择申请专利，而其他相关企业选择模仿。

4. 专利制度的主观动态演进

主观博弈是动态演进的，当人们认识到当前现存的专利制度会产生更有利于自身利益的变化时，会改变当前的决策。中国处在经济转型当中，对于资本主义国家的游戏规则还不是很熟悉，企业通过学习，专利保护意识不断增强，利用专利制度的经验也逐渐丰富起来，这些都会促使主观博弈的均衡发生改变。这样的例子在中国数不胜数，在初期，企业对于专利制度的认识不足，导致在专利竞争与专利布局中，处于不利地位。在吃过苦头之后，企业重新对专利制度进行审视，最终形成了专利制度下的新秩序。图 4-2 则刻画了专利制度下主观博弈的动态演进过程。

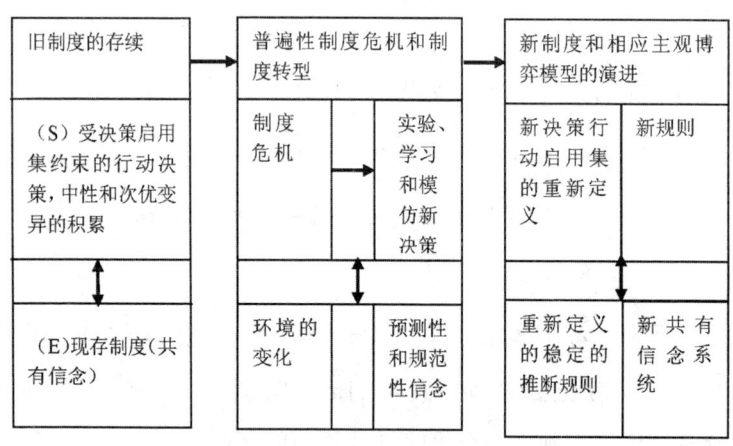

图 4-2　主观博弈下的专利制度变迁

资料来源：青木昌彦. 比较制度分析[M]. 上海：上海远东出版社，2001。

专利制度下企业主观博弈，所产生的一个无意识的结果便是实现了企业的技术进步。中国的专利制度对于产权归属、使用与收益的权利界定不清楚，中国专利的费用较高，执法水平较为松散，但是这种模糊的产权政策与高昂的交易费用在促进技术扩散方面却发挥了积极的作用。这些都源于人们对专利制度的主观认知与中国客观的经济环境。中国的科技体制存在大量的优惠政策，使得发明企业愿意将自己的发明技术进行披露，中国国内庞大的市场令外国企业愿意忍受本国企业对其进行模仿，这些都为专利制度折中各方利益提供了空间。但是，人们对于专利制度的认知不断加深，客观环境不断发生改变，促使政策设计者重新考虑中国现有专利制度的利弊。

4.3.4 影响专利制度主观博弈的外部因素

影响专利制度主观博弈均衡发生改变的因素可以总结为两个方面：一是内部均衡结果的影响积累，二是企业所处的外部环境的变化。上面我们已经介绍了主观博弈的内生性动态变化。下面，我们着重介绍比较常见的引发主观博弈均衡改变的外部因素的影响。这些因素很多，在此，笔者提出如下几个方面：

首先，企业的创新能力。企业的创新能力提升，能够对上述几种博弈都产生冲击，这样可以使得企业的某些行动成为可能，从而使得策略集中，原本未启动维度可以被启用。专利制度的利用形式发生了变化。

其次，国家的开放程度。以前封闭的经济环境开始与外界扩展的市场接触。经济由封闭转向开放使得市场的参与者增加了，原本只有国内企业参与竞争的市场会被国外企业进入，从而博弈的参与者集合发生了变化，也即博弈的形式发生了变化。

再次，国家的科技体制。一个国家依靠政府调配资源，动员创新，另一些国家依靠市场机制进行创新。而中国似乎偏向于前者，但是有向后者转变的趋势。这种转变会影响主观博弈均衡变化。政策制定者越来越偏向将资源直接配置给企业，而不是科研机构。

最后，新技术的属性。不同的技术会导致博弈均衡的改变，新技术会导致不同的收益函数，从而使得博弈参与者改变其行为决策。改变了后果函数中的参数,使得同一个策略在变化之前与变化之后的收益是不一样的,这同样会引发企业对于博弈形式的认知,从而改变博弈均衡。

4.4 专利制度与中国技术创新目标的变化

根据"专利制度的情景主义"的理论假说,在过去,既然中国的专利制度能够对于技术进步发挥积极的作用,那么随着经济形势的变化,当前中国的专利制度还能够进一步促进中国企业技术进步吗?研究认为,当前中国的专利制度尚不能很好地适应企业进一步创新的发展,需要进行进一步的改革。

4.4.1 企业创新能力逐步增强

当前,中国企业的发展已有起色,一些企业开始逐步摆脱最底层的劳动密集工作,已经拥有一定的核心技术,在经营管理与品牌推广方面,开始与发达国家的企业竞争。因此,中国的一些企业已经不甘愿跟随在外国企业身后做他们的模仿者,需要依靠创新实现自身竞争优势的形成,从而在世界市场上占有一席之地。在广泛的行业中,可以观察到企业正在通过创新和研发,提高他们的市场份额。

因此,中国企业不仅仅停留在模仿阶段,对于自主创新也有了一定的诉求。这使得专利制度需要兼顾部分创新企业保护知识产权的诉求。未来二三十年,中国本土企业的创新模式的结构将发生重大变化。原始创新的比重将大幅度提升,引进、消化、吸收、再创新的模式退居末位。

4.4.2 创新模式与过程的改变

近些年来,随着技术复杂性的增长与竞争程度的加剧,创新的模式和过程也发生着巨大的改变。当前技术创新发展的新趋势是,从个体创新转向集成创新,从单独创新转向合作创新,从封闭式创新转向开放式创新。

首先,技术产品和工艺过程的复杂性不断增长[①],迫使企业采取集成创新[②]的方法来解决这一问题。集成创新是指创新主体对各种创新的融合,这种融合通过利用并行的方法把若干创新主体,在创新生命周期的不同阶段、不同流程以及不同创新能力、创新实践、创新流程和竞争力集成在一起,从而形成能够产生新的核心竞争力的创新方式。

其次,创新的高风险和高成本迫使企业开展更广泛的合作。OECD(2003)的一项创新调查显示,当前只有少数的企业或组织单独进行创新,大部分的创新项目是由多个企业或者组织共同协作完成的。企业聚焦于自身核心的 R&D 活动,如果企业所需要的新技术不是他们所擅长的,那么企业就收购其他公司,或者利用大学和政府实验室来获得互补技术。

最后,先前的创新都是企业独自秘密进行,一旦开发出重大意义的新技术与新产品,便迅速占领全世界的市场。当前的技术创新一个显著的特点,不再是封闭的自主创新,而是在开放式创新基础上的再创新。现代企业的成功更多是整合产业链众多要素,通过利用他人的创新成果使研发效率达到最高,通过共享他人的技术平台使采购和供应成本做到最低,因此,能够更快、更好、更低成本地推出产品,迅速切入市场并受到广泛认可。

以 IT 产业中苹果公司为例,不到五年时间里苹果几乎颠覆了手机产业。是什么原因让苹果后来居上?随着 iPhone 推出而成为智能手机事实标准的多点触摸控制,是 20 世纪 80 年代 AT&T 贝尔实验室研发的,苹果在其基础上进行了改良并申请了自己的专利。 HDR 高动态范围拍照功能,是苹果数年前收购的一家英国公司 Imsense。再有,AppStore 里面 99% 的软件游戏产品都是由第三方软件公司或

---

① 最近的科学进步技术的快速变化,例如生命科学技术、信息和通信技术、纳米技术。
② 市场上的每一种产品都是一系列不同技术的集合体。例如计算机就包括硬件与软件两大技术,而每大技术又细分为若干项技术。

者个人程序员为苹果开发的,苹果在自己的用户购买下载这些软件后,向开发者支付版权分成。纵观苹果一系列产品的成功①,苹果并非自主开发了革命性的新技术,而是搜集汇总了全世界的创新成果后,进行改良和整合,总能以比竞争对手更领先的产品而树立起自身竞争优势,成为运用新的创新模式而取得巨大成功的范本。

因此,中国本土企业也应该顺应技术发展的趋势,进行开放式创新,充分利用全球的资源,通过集成主导的方式来进行。因此,一个强有力的专利制度是中国企业通过创新来创造企业竞争优势不可或缺的条件。专利权提供了便利的、正式的、以市场交易为基础的知识交流,为技术传播和利用提供了另一种新的渠道。这就要求专利制度的设计,必须满足保护知识资本,同时要实现技术交易的职能。因此,中国的专利制度应该拥有更大的保护范围,执法效率应该得到适当的提升,专利申请的门槛也应该提高。

4.4.3 高新技术的崛起

20世纪中期以来,新兴战略性产业向中国这样发展中的大国打开"机会之窗",以信息技术、生物技术、航空航天和新能源技术为代表的高科技产业迅速崛起并成为推动世界经济发展的重要力量。传统的专利制度受到了高新技术产业前所未有的冲击。那么问题就自然而生,如何改造传统的专利制度以适应新技术的发展,是中国政府必须关注的重要课题之一。

首先,高新技术的专利倾向大。换而言之,高新技术的属性最适合采用申请专利进行保护。信息技术、生物技术②和新能源技术是高科技产业的三大核心组成部分,其中对专利制度影响最大的当属生物技术。由于生物技术带来了不容小觑的变革,动植物的培育、细胞工

---

① 在过去不到十年间,苹果推出了一系列畅销全球市场的产品,从早期的 iPod 和 iTouch,到现在的 iPhone 和 iPad,每一款产品的推出都会引发市场的疯狂追捧。

② 生物技术兴起于20世纪70年代的遗传工程,更确切地说是重组 DNA 技术,也称基因工程,是现代生物技术的核心。

第4章 中国专利制度有效性的理论分析

程、微生物工程、生物制剂的生产都进入了一个全新的阶段,已渗透到农业、渔业、环保、医药等领域。可以毫不夸张地说,生物技术领域如果没有专利保护,就没有今天的发展。另外,信息技术和新能源技术也是专利活动较为活跃的领域。

其次,申请专利有助于高新技术走向市场。我国的高新技术大多是由政府扶持起来的。政府承担创新的风险和不确定性,这就造成了委托代理的问题。技术发明人为了创新成果所带来的政府资助而进行创新,完全不顾新技术的经济效益。专利制度提供新的激励机制,除了获取国家的政策利益,研发人员还能通过专利转让获得新技术的部分经济利益,这样一来,国家的公共资源投入,可以产生更大的经济效益。

再次,有助于中小型企业参与高新技术的发展。虽然熊彼特假说[1]认为大企业更具有创新能力,但是不能否认中小型的企业组织在创新方面的优势存在,只是中小企业存在融资困难,承担风险能力差等弊端。通过专利保护将自身的技术资产化,这样有助于中小企业最大限度地保护自身的创新成果不被侵蚀[2],并且还可以通过专利质押,获取将技术推广到市场的资金。专利对于以新技术为基础的公司尤其重要,因为只有能够获得自己的知识产权,这些公司才可能获得风险投资的资金注入。专利许可的功能,进一步使中小企业能够参与到与其他公司的创新网络中,深化了创新的社会分工。

最后,专利能为高新技术的研究开发提供及时有用的信息。根据世界知识产权组织的统计,专利所记载的技术信息量约占整个技术信息量的 90%[3]。专利信息可以揭示现有高新技术的发展、水平、动态和趋势,使企业从技术轨道的层面寻找突破口。研发人员可以通过分析某高新技术领域中各种专利的变化情况,了解该领域技术发展的最

---

[1] 熊彼特假说有两个:第一,企业规模越大,技术创新就越有效率,也就是说,大企业比小企业更具创新性;第二,技术创新与市场集中度之间存在正相关性,在保证技术创新成果方面,市场支配力是必需的。

[2] 在 20 世纪 90 年代,中小企业 R&D 几乎以两倍的速度成长,由于增加了风险资本资金,以新技术为基础的中小企业便有了一定的优势。

[3] 根据世界知识产权组织 WIPO 的估算,利用专利信息可缩短 60%的研制周期,节约 40%的费用。

新动向；可以分析重要专利的构成，了解某项技术的成熟程度；剖析专利产品的结构或分析专利的工艺方法获取有用的信息等。利用专利信息使高新技术的研发在高起点上开始，避免低水平的重复研究，促进高技术实现跨跃式发展。

显然，中国的专利制度仍然很难适应这些高新技术的发展需求。中国这些产业之所以能够取得一定的发展，是因为政府的政策扶持，而非以拥有健全制度建设的市场为导向。在这方面，中国可以借鉴美国或者欧洲的专利设计，实现以市场为导向的技术创新。

4.4.4 互联网与通信技术的挑战

网络与通信技术加速了信息的提供，使保密①成为不太可行的策略。虽然技术秘密在中国的《反不正当竞争法》中给予保护②，但是技术秘密作为知识产权法保护的一种形式，不论在国际、国内知识产权法律界都存在着歧义，从实际运行结果来看，技术秘密的法律保护效果并不理想。由于全球化、信息化，创新企业不得不采取申请专利的形式，寻求以法律手段来实现创新成果的保护，所以各国的创新企业一直要求加强专利保护。

据了解，近年来投诉到人民法院的侵犯商业秘密的案件越来越多，诉讼标的越来越大。其中，以互联网为手段的案件就占有很大部分。互联网窃取商业秘密的案件很难侦破，必须依赖相当专业的人员和昂贵的设备。当前中国已经面临着新形势，公民、法人、其他组织等各类民事主体与外方交流合作的机会加大。除了加强保护自己的商业秘密外，在对外交往中也应当重视专利制度的应用。互联网技术对商业秘密的保护形式发起了新的挑战，专利制度在新的形势下，作为替代

---

① 中国的《反不正当竞争法》为保护商业秘密而设定。在原技术合同法中，曾提到"技术秘密"的保护，在反不正当竞争法中将商业秘密概括为符合条件的"技术信息和经营信息"。

② 《反不正当竞争法》主要体现在阻止他人以不正当方法获得且使用其技术秘密，如窃取他人技术秘密、违反保密条款向他人透露技术秘密等。但是，无权制止他人通过正当途径发现或者获取技术秘密的行为。他人可通过自己的独立研究发现其技术秘密，或通过分析其产品而获知其技术秘密，这些都是法律所允许的。

第 4 章 中国专利制度有效性的理论分析

手段逐步为更多的企业所青睐。

由于商业秘密越来越受到信息化的冲击,专利变成了可以替代性的手段,但是传统的专利制度应该如何变革才能适应当今信息社会也是值得探讨的议题。信息技术给侵权者提供了更简单、快捷、更为隐蔽的作案手段。新技术以编码信息的形式存在,令竞争对手在第一时间内轻松访问,从而减少了以传统市场为基础的战略竞争的耗费,新的通信手段,使得创新企业潜在的数量和种类竞争对手已显著增加。而且一旦新技术暴露,它将很容易实现在世界范围内广泛的传播。专利制度法律手段的运用必须能够应对这些新的挑战。

第 5 章
中国专利制度有效性的经验分析

5.1 中国专利制度与全要素生产率关系

根据前文的理论分析,我们提出四个可检验的假说。

首先,实用新型专利相对于发明专利具有较弱的新颖性和非显而易见性的要求,企业申请实用新型专利可能源于之前公布的发明专利。中国专利制度鼓励提交实用新型以及后续发展的专利。因此,我们的第一个假说:

假说 1:发明专利申请数量是实用新型专利申请数量的正向 Granger 原因。

接下来,我们认为,中国的授权前披露编报规则作为一种机制,促进技术扩散,发明专利和实用新型专利申请存在技术外溢效应。因此,促成我们的第二个假设:

假说 2:实用新型申请和发明专利的申请数量是全要素生产率 TFP 增长的正向 Granger 原因。

再有,我们提出,一旦处于受保护状态,使用的技术变得更加绝缘,限制访问抑制了技术的扩散。排他性的专利授权会降低全要素生产率增长。因此,我们得到了第三个假说:

假说 3:实用新型和发明专利的授权量是导致全要素生产率 TFP

增长的负向 Granger 原因。

最后，我们认为实用新型专利的申请，会造成申请发明专利的预期收益下降，从而导致发明专利的激励不足，最后造成发明专利数量的减少。因此，我们提出了假说 4：

假说 4：实用新型专利授权数量是发明专利授权数量的负向 Granger 原因。

5.1.1 模型设定

因为不能确保我们的变量是具有平稳性或者存在协整关系，如果直接用普通最小二乘法进行变量之间的回归分析，就可能产生伪回归现象，使得不存在任何关系的变量呈现显著的回归结果（Granger 和 Newbold，1974）。因此，我们首先进行单位根检验，对变量的平稳性和趋势性进行判断，然后进行协整分析，判断检验变量间是否存在长期的相关关系，再者进行 Granger 因果关系检验，最后建立向量自回归（VAR）模型判断变量间因果关系的方向。我们首先将根据 Granger（1969）的方法建立 VAR 模型，可以得到回归方程（1）—（6）：

对应假说 1 的回归方程：

$$\ln UA_t = \pi_t + \sum_{i=1}^{n} a_i \ln UA_{t-i} + \sum_{i=1}^{n} b_i \ln PA_{t-i} + \varepsilon_t \tag{1}$$

对应假说 2 的回归方程：

$$TFP_t = \gamma_t + \sum_{i=1}^{n} e_i TFP_{t-i} + \sum_{i=1}^{n} f_i \ln PA_{t-i} + \varepsilon_t \tag{2}$$

$$TFP_t = \kappa_t + \sum_{i=1}^{n} g_i TFP_{t-i} + \sum_{i=1}^{n} h_i \ln UA_{t-i} + \varepsilon_t \tag{3}$$

对应假说 3 的回归方程：

$$TFP_t = \lambda_t + \sum_{i=1}^{n} q_i TFP_{t-i} + \sum_{i=1}^{n} p_i \ln PG_{t-i} + \varepsilon_t \tag{4}$$

$$TFP_t = \sigma_t + \sum_{i=1}^{n} s_i TFP_{t-i} + \sum_{i=1}^{n} z_i \ln UG_{t-i} + \varepsilon_t \tag{5}$$

对应假说 4 的回归方程：

$$\ln PG_t = \omega_t + \sum_{i=1}^{n} m_i \ln PG_{t-i} + \sum_{i=1}^{n} n_i \ln UG_{t-i} + \varepsilon_t \qquad (6)$$

其中，TFP 是全要素生产率，UA 是实用新型专利申请数量，UG 是实用新型专利授权数量，PA 是发明专利申请数量，PG 是发明专利授权数量。我们利用 OLS 估计模型系数，然后对模型参数进行联合 F 检验，零假设 H_0：$Z_1 = \sum_{i=1}^{n} b_i = 0$，若检验结果显著拒绝零假设，则表示中国的发明专利申请显著影响实用新型专利申请。检验零假设 H_0：$Z_2 = \sum_{i=1}^{n} f_i = 0$；$Z_3 = \sum_{i=1}^{n} h_i = 0$；若检验结果显著拒绝零假设，则表示专利申请总量显著影响全要素生产率，实用新型申请总量显著影响全要素生产率。检验零假设 H_0：$Z_4 = \sum_{i=1}^{n} p_i = 0$；$Z_5 = \sum_{i=1}^{n} z_i = 0$；若检验结果显著拒绝零假设，则表示专利授权总量显著影响全要素生产率，实用新型授权总量显著影响全要素生产率。检验零假设 H_0：$Z_6 = \sum_{i=1}^{n} n_i = 0$，若检验结果显著拒绝零假设，则表示实用新型专利授权量显著影响发明专利授权量。

5.1.2 全要素生产率的测度

本书采取数据包络分析（DEA）与 Malmquist 指数相结合方法测度中国的全要素生产率[①]。DEA 的基本逻辑是利用投入产出观测数据构造出最佳生产前沿面，然后计算每一个决策单元在两个时期分别相对于最佳生产前沿面的距离，并以此定义相对效率的变化，而 Malmquist 指数的实质是通过两个不同时刻距离函数的比值来刻画生

---

① 与"索洛余值"的参数估计方法相比，DEA 作为一种非参数估计方法，其估计过程不需要设定具体的生产函数形式，由此也可以避免由于设定了错误的模型形式而导致估计结果的偏差。

产率的变化,而距离函数的求解则需要借助于数据包络分析(DEA)的数学线性规划模型。

在 DEA 分析中,测定不同时期的潜在最小投入或最大产出的技术前沿水平是对生产效率进行进一步测算的基础。我们的测算以投入效率为基础来进行,假设在每一个时期 t,第 k($k=1$,…,K)个生产单位使用 n($n=1$,…,N)种投入 $P_{k,n}^t$,得到第 m($m=1$,…,M)种产出 $y_{k,m}^t$。在 DEA 条件下,每一期在固定规模报酬(简记为 C)、投入要素强可任意处置(简记为 S)条件下的参考技术,也即潜在技术前沿被定义为:

$$L^t(y^t/C, S) = \begin{bmatrix} (x_1^t, \cdots, x_N^t) : y^t \leqslant \sum_{k=1}^{K} z_{k,m}^t y_{k,m}^t; & x_{k,n}^t \geqslant \\ \sum_{k=1}^{K} z_{k,m}^t x_{k,n}^t; & z_k^t \geqslant 0 \end{bmatrix}$$

其中 z 表示每一个横截面观察值的权重。在此基础上,计算每一个生产单位基于投入的 Farrell 技术效率的非参数规划模型为:

$F^t(y^t/C, S) = \min \theta^k$

s.t.

$y^t \leqslant \sum_{k=1}^{K} z_{k,m}^t x_{k,m}^t$

$\theta^k \geqslant \sum_{k=1}^{K} z_{k,m}^t x_{k,m}^t$

$z_k^t \geqslant 0$

$m = 1, \cdots, M; \ n = 1, \cdots, N; \ k = 1, \cdots, K$

由此,当 $F_i^t(y^t, x^t | C, S) = 1$ 时,则意味着该生产单位位于技术前沿水平,其生产是有效率的。而 $F_i^t(y^t, x^t | C, S)$ 的大小则反映了生产单位偏离技术前沿水平的距离,$F_i^t(y^t, x^t | C, S)$ 越接近 1,则生产单位越靠近技术前沿,其生产效率也就越高(Fare 等,1994,1997)。为了得到生产率随时间变化的 Malmquist 生产率指数,考虑引入距离函数的概念。根据 Fare 等(1994),距离函数是我们已经讨论过的 Farrell 技术效率的倒数。从而可以定义技术前沿水平 $L^t(y^t | C, S)$ 下的投入距离函数。

$$D_i^t(y^t, x^t) = 1/F^t(y^t/C, S)$$

投入距离函数可以看作某一生产点（x^t，y^t）向理想的最小投入点压缩的比例。根据 Caves 等（1982），基于投入的全要素生产率指数可以用 Malmquist 生产率指数来表示，即：

$$M_i^t = D_i^t(y^t, x^t)/D_i^{t+1}(y^{t+1}, x^{t+1})$$

$$M_i^{t+1} = D_i^{t+1}(y^t, x^t)/D_i^{t+1}(y^{t+1}, x^{t+1})$$

这两个指数分别测度了在时期 t 和 $t+1$ 的技术条件下，从时期 t 到 $t+1$ 的技术效率的变化。现实中常用以上两个指数的几何平均值来计算生产率的变动。

经过测算，表 5-1 就是我们所求出的全要素生产率的值。其中，本书选取《中国统计年鉴》所载的历年 GDP 数据作为产出变量，以历年的固定资产存量水平[①]和从业人口数量作为投入变量。由于所载的数据均为各年度的当年价值，其中必然包含价格变动因素，直接采用原数据进行分析必然会因价格水平的差异而导致结果出现偏差。因此，我们对此进行了相应的调整。

表 5-1　1985—2011 年中国全要素生产率变动率

年度	Malmquist 指数	TFP 累计变动	年度	Malmquist 指数	TFP 累计变动
1985	1.07	1.07	1999	1.03	1.58
1986	1.03	1.11	2000	1.06	1.68
1987	1.01	1.12	2001	1.04	1.74
1988	1.02	1.14	2002	1.06	1.85
1989	0.94	1.07	2003	1.06	1.96
1990	0.95	1.02	2004	1.04	2.03
1991	1.04	1.06	2005	1.03	2.09
1992	1.09	1.16	2006	1.04	2.18
1993	1.01	1.17	2007	1.05	2.29

---

① 我们采取永续盘存法来求出固定资产存量，其具体方法为：以每年的固定资产投资总额作为当年新增固定资产投资 ΔK_t，第 t 年价格指数为 PK_t，则第 t 年的固定资产实际存量为：$K_t = \sigma K_{t-1} + \Delta K_t / PK_t$，取固定资产折旧率水平为 5%，我们以 1980 年固定资产存量为基期。

续表

年度	Malmquist 指数	TFP 累计变动	年度	Malmquist 指数	TFP 累计变动
1994	1.11	1.30	2008	1.02	2.33
1995	1.04	1.35	2009	1.03	2.40
1996	1.05	1.42	2010	1.06	2.55
1997	1.04	1.47	2011	1.04	2.65
1998	1.04	1.53	2012	1.04	2.74

注：TFP 累计变动以 1985 年为基期，Malmquist 指数累计相加得到。

5.1.3 检验与分析

1. 单位根检验

本书采用两种常用的检验统计量 *ADF*（Augmented Dickey-Fuller）和 *PP*（Phillips-Perron）分别对 *TFP*、*UG*、*PA*、*PG*、*UA* 进行单位根检验，结果如表 5-2 所示。

表 5-2 单位根检验表

变量	ADF	置信概率	PP	置信概率	检验结果
TFP	-1.79	0.68	-1.83	0.65	不平稳
△TFP	-4.35	0.01	-4.36	0.01	平稳
lnPA	-2.95	0.16	-3.72	0.04	不平稳
△lnPA	-3.62	0.05	-5.32	0.00	平稳
lnPG	-7.25	0.01	-3.03	0.14	不平稳
△lnPG	-4.10	0.02	-3.62	0.05	平稳
lnUA	-2.83	0.20	-2.95	0.16	不平稳
△lnUA	-3.30	0.09	-3.37	0.08	平稳
lnUG	13.52	0.11	-10.9	0.08	不平稳
△lnUG	-4.23	0.02	-15.30	0.00	平稳

注：1. 各变量的单位根检验的方程中包括常数项，也包含时间趋势；
　　2. 滞后项根据 SIC 准则由系统自动决定。

根据两种检验模式下的检验结果：表 5-2 中的第 2 列和第 3 列的数据显示，在变量水准项的检验结果方面，所有变量的水准项检验结果都接受零假设，由此可知变量 *TFP*、ln*PA*、ln*PG*、ln*UA*、ln*UG* 都是非稳态的时间序列，具有时间趋势；根据第 4 列和第 5 列数据显示，在变量的一阶差分项的检验方面，所有变量的检验结果都达到一定程度的显著水准，虽然经济增长率 *TFP* 的一阶差分 *ADF* 值没有通过检验，但其 *PP* 值通过检验，所以，仍可以认为这些个变量均为整合阶次为 1 的 *I*（1）变量。对这些非平稳的变量应采用协整方法进行检验其是否存在长期相关关系。

2. 协整检验

基于前面的检验结果：变量 *TFP*、ln*PA*、ln*PG*、ln*UA*、ln*UG* 都是整合阶次为 1 的 *I*（1）资料，可以对这 5 个变量进行协整检验。由于考察的变量多于两个，所以我们采用 Johansen 最大似然协整检验方法，检验我们所关注的变量之间是否存在长期均衡关系。由于变量 ln*TFP*、ln*PA*、ln*PG* 和 *UA* 清楚地表明存在趋势性，看来最合适的是考虑具有无约束常数项，有一个或多个共同的随机趋势，这些随机趋势包含有确定性趋势成分的情况，回归结果见表 5-3。

表 5-3 Johansen 协整检验结果表

H_0	迹统计量	临界值水平	置信概率	H_0	λ 最大值	临界值	置信概率
None*	115.13	88.80	0.00	None*	44.60	38.33	0.01
At most1*	70.53	63.88	0.01	At most1*	32.74	32.12	0.04
At most2	37.79	42.92	0.15	At most2	14.33	25.82	0.69
At most3	23.46	25.87	0.10	At most3	12.98	19.39	0.32
At most4	10.49	12.52	0.12	At most4	10.48	12.52	0.11

注：1. 临界值来自 Johansen 和 Nielsen（1993）；

2. *表明在 5%显著水平下拒绝 H_0 假设；

3. 滞后期根据 AIC 准则确定；

4. 协整检验的方程中包括常数项，也包含时间趋势。

迹统计量和 λ_{max} 的结果都显示,在 5% 置信水平下,全部拒绝协整向量为零的假设,也同时拒绝至少存在一个协整关系的假设。这表明 TFP、lnPA、lnPG、lnUG 和 lnUA 之间存在协整关系,这就意味着各个变量之间存在长期相关关系,进而表明变量之间至少存在某种因果关系。

3. Granger 因果检验

由于协整关系只能说明变量之间至少有单向的因果关系,并不能具体指出何为因、何为果,因此需要进一步检验因果关系方向。

表 5-4 的结果显示,lnPA 是 TFP 的 Granger 原因,lnUA 是 TFP 的 Granger 原因,lnPG 与 TFP 是双向的 Granger 因果关系,lnPA 是 lnUA 的 Granger 原因,lnUG 是 lnPG 的 Granger 原因。只有发明专利授权与全要素生产率之间的关系,超出了我们的意想之外,其他均符合假说。TFP 是 lnPG 的 Granger 原因,可以被解释为中国技术发展水平越高,企业的创新能力越强,也就越倾向于获得更多的专利授权。

表 5-4 Granger 因果检验结果

原假设	F 统计量	置信概率	结论
TFP 不是 lnPA 的 Granger 原因	1.61	0.23	接受
lnPA 不是 TFP 的 Granger 原因	3.74	0.03	拒绝
TFP 不是 lnUA 的 Granger 原因	2.33	0.11	接受
lnUA 不是 TFP 的 Granger 原因	2.84	0.07	拒绝
TFP 不是 lnPG 的 Granger 原因	3.55	0.04	拒绝
lnPG 不是 TFP 的 Granger 原因	5.57	0.01	拒绝
TFP 不是 lnUG 的 Granger 原因	4.21	0.02	拒绝
lnUG 不是 TFP 的 Granger 原因	2.35	0.11	接受
lnUA 不是 lnPA 的 Granger 原因	0.57	0.64	接受
lnPA 不是 lnUA 的 Granger 原因	3.66	0.03	拒绝
lnUG 不是 lnPG 的 Granger 原因	3.48	0.04	拒绝

注:1. 数据来源:根据《中国统计年鉴》《中国科技统计年鉴》整理。

2. 滞后期根据 AIC 准则确定,为滞后 3 期。

4. VAR 检验

由于 VAR 模型对外生变量和内生变量可以不必加以区别而同等对待，其估计的结果便具有更高的可靠性，同时，VAR 模型能够大致判断出是正向因果关系还是负向因果关系，因此又被看作是更精确的因果关系检验。

表 5-5 的结果表明，$\ln PA$ 滞后期的系数全部为正，当然 Z2 的值也为正，拒绝零假设，说明发明专利申请对于我国全要素生产率产生了正向作用；$\ln UA$ 的滞后三期系数为负数，其余为正，Z3 的值为正数，拒绝零假设，说明实用新型专利申请对于我国全要素生产率起到了积极的作用。自此，假说 2 得到证实。

表 5-5 VAR 模型检验结果（1）

解释变量	方程（2）系数	t 值	解释变量	方程（3）系数	t 值
C	-2.24	-3.60	C	-1.12	-3.48
TFP（-1）	0.54	2.15	TFP（-1）	0.65	3.85
TFP（-2）	-0.36	-1.18	TFP（-2）	0.18	0.76
TFP（-3）	-0.04	-0.11	TFP（-3）	0.22	0.91
TFP（-4）	-0.04	0.21	TFP（-4）	-0.24	-1.45
lnPA（-1）	0.17	1.79	lnUA（-1）	0.11	1.74
lnPA（-2）	0.02	0.20	lnUA（-2）	0.07	0.75
lnPA（-3）	0.08	0.69	lnUA（-3）	-0.22	-2.61
lnPA（-4）	0.06	0.62	lnUA（-4）	0.17	3.90
Z2	0.33		Z3	0.13	
R2	0.99		R2	0.99	

注：1. 数据来源：根据《中国统计年鉴》《中国科技统计年鉴》整理。
2. 滞后期根据 AIC 准则确定。

表 5-5 的结果表明，方程 4 中，我们的假说认为发明专利授权会阻碍全要素生产率增长，但是表 5-6 的回归结果拒绝了我们的假说，结果表明专利授权对全要素生产率的影响很微弱。这说明中国专利授

权带来的限制访问的问题还没有那么严重。中国的技术创新并非横向的交互访问,而是纵向的追赶,知识的应用大多并行不悖。这也说明中国在创新组织建设方面还远远没有成熟,只能单独模仿,不能交互作用。

表 5-6 VAR 模型检验结果(2)

解释变量	方程(4)系数	t 值	解释变量	方程(5)系数	t 值
TFP(-1)	0.99	3.60	TFP(-1)	0.86	4.49
TFP(-2)	-0.33	-0.78	TFP(-2)	-0.29	-1.00
TFP(-3)	0.34	0.90	TFP(-3)	0.53	1.60
TFP(-4)	-0.13	-0.55	TFP(-4)	-0.24	-1.18
lnPG(-1)	0.08	1.72	lnUG(-1)	0.08	2.14
lnPG(-2)	-0.07	-1.14	lnUG(-2)	-0.07	-1.23
lnPG(-3)	0.02	0.50	lnUG(-3)	0.09	1.95
lnPG(-4)	0.03	1.21	lnUG(-4)	-0.01	-0.21
C	-0.21	-2.34	C	-0.82	-3.16
Z4	0.23		Z5	0.05	
R2	0.91		R2	0.99	

注:1. 数据来源:根据《中国统计年鉴》《中国科技统计年鉴》整理。
    2. 滞后期根据 AIC 准则确定。

表 5-7 的结果表明方程 1 最终支持了我们的假说 1,即发明专利申请是实用新型申请的正向原因,$Z5$ 大于零,但是我们发现发明专利申请的滞后一期严重阻碍了实用新型专利的申请,可能原因是在审查期间相关部门排除了一些新颖性不足的实用新型申请。方程 6 的实用新型授权量是发明专利授权的负向原因,同时联合参数检验值 $Z6$ 大于零,自此,假说 4 得到了证实。

表 5-7 VAR 模型检验结果（3）

解释变量	方程（1）系数	t 值	解释变量	方程（6）系数	t 值
lnUA（-1）	0.91	3.36	lnPG（-1）	1.07	3.28
lnUA（-2）	0.15	0.43	lnPG（-2）	-0.31	-0.60
lnUA（-3）	-0.08	-0.22	lnPG（-3）	-0.54	-1.42
lnUA（-4）	0.05	0.26	lnPG（-4）	-0.01	-0.07
lnPA（-1）	-0.47	-1.87	lnUG（-1）	-0.23	-0.63
lnPA（-2）	0.04	0.11	lnUG（-2）	-0.55	-1.0
lnPA（-3）	0.25	0.66	lnUG（-3）	0.57	1.48
lnPA（-4）	0.24	0.82	lnUG（-4）	0.03	0.23
C	-0.69	-0.91	C	0.23	0.63
Z5	0.06		Z6	0.05	
R2	0.99		R2	0.95	

注：1. 数据来源：根据《中国统计年鉴》《中国科技统计年鉴》整理。
2. 滞后期根据 AIC 准则确定。

整体上来讲，中国的专利制度促进了中国全要素生产率的进步。作为拥有后发优势的发展中国家，技术进步的潜力十分巨大，专利制度在学习国外发达国家的先进技术知识方面，发挥了积极的作用；但是本书的研究也发现，中国大量的实用新型专利授权阻碍发明专利的授权，说明中国原创性的发明专利被实用新型专利侵蚀；另外，授权后的专利仍然对全要素生产率产生正向的影响，可能因为当前中国专利授权引起的限制访问的问题并不严重，这些都说明中国专利制度很适合促进技术扩散，而非支持原创性的发明创新。专利制度进一步的变革是值得进一步探讨的，如果不能推动原创性发明大量涌现，经济转型的目标是不可能实现的。而激励原创性发明，又必然会造成限制访问的垄断问题。

5.2 分行业检验：产业异质性视角

5.2.1 研究设计

一些跨行业的实证证据倾向于支持专利制度的有效性，在 20 世纪 80 年代中期和 90 年代，在美国、欧洲、日本进行了一系列的调查研究，应诉企业认为专利制度是极为重要的，申请专利能够保护自身的竞争优势，特别是生物技术、药物、化学成分几个行业，机械和计算机行业也在一定程度上受益。

Brouwer 和 Kleinkneeht（1999）运用调查数据的实证研究表明，创新的专利申请倾向确实存在显著的部门差异，这可能与模仿创新的速度、成本以及创新的速度和成本有关。创新越容易被模仿的行业，企业的专利倾向就越强。不同部门企业的专利申请倾向有显著差异，高技术机会部门的企业比低技术机会部门企业有更强的专利申请倾向。

本书的思路是，各个行业的属性不同，各个行业中的企业申请专利的动机也不尽相同，因此一个国家拥有的一套专利制度可能众口难调，并不见得在每个行业都是有效的，所以我们不是单纯简单地从行业的视角研究专利制度的有效性，而是考虑到专利制度在每个行业的作用差异，考虑到真正的行业异质性，来探讨专利制度的有效性。

1. 一个简单的理论模型

（1）创新生产函数

沿袭 Griliches（1979）与 Jaffe（1986）的做法，假定企业的创新生产函数为柯布—道格拉斯形式。鉴于对中国创新活动的理解，在这里，创新既包含原创性的重大发明，也包含改进型的模仿创新。创新生产函数具体的形式为：

$$M = R^b S(Patent)$$

其中，M 为创新的数量，无论是原创性的重大发明还是改进型的模仿创新，只要增加了创新的数量，我们就认为专利制度促进了全要素生产率进步；R 为研发投入；b 是研发投入的产出弹性，并且 $0<\beta<1$，创新产出是报酬收益递减的。S 是影响创新效率的因素，我们特别关注专利制度所产生的信息披露与限制访问对创新效率的影响，所以它是行业专利数量的函数。我们同时假定，创新产出只以数量区分，没有质量上的区别。

（2）创新收益回报机制与专利溢价

我们在成本—收益的思路下分析中国的专利活动，申请专利的成本包括：专利维持所需的专利费、侵犯专利后的诉讼成本，以及申请专利信息披露的无形成本；收益方面，如果企业申请专利成功，企业获得的收入为 uV，其中 X_i 为未申请专利所获得收入，那么 V_i 就称为专利溢价，被定义为归因于专利保护所得到的收入。行业专利溢价如图 5-1 所示。

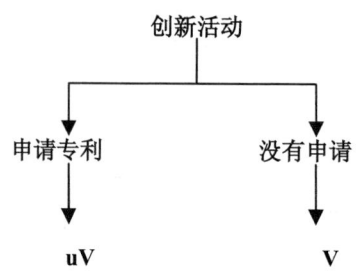

图 5-1　行业专利溢价

那么，每一单位创新成果所得到的期望收益为：

$$h = pVu + (1-p)V$$

方程中，h 为期望收益，p 为申请专利的可能性，p 取决于企业利用各种信息对专利申请的决策，以及这种决策产生之后，申请专利得到授权的可能性；u 是行业的专利溢价，即申请专利所能获得的收益。一般情况下 $u>1$，因为只有申请专利预期收益大于不申请的收益，企业才会有申请专利的决策。

(3) 企业的最优化行为

$$\operatorname*{Max}_{R}[hM - R]$$

解上述方程得：

$$R = [(bpVu + (1-p)V)S(patent)]^{\frac{1}{1-b}}$$

如果企业的研发投入持续增多，说明制度环境改变了原有的均衡，提供了技术进步的动力机制。企业的研发投入取决于专利制度的激励效应和影响创新效率的知识扩散效应。其中，专利制度的激励效应一定为正，但是这种作用的大小则取决于创新的潜力与行业的专利溢价；而专利制度的知识扩散效应可能为正，也可能为负，这取决于专利制度的微观设计和具体的经济环境,但是专利制度综合效应是不确定的。

(4) 技术扩散效应

除了对创新活动产生影响之外，专利制度还会对技术转让直接产生影响，考虑到一个产品的生产由如下方式进行：

$$Y_i = A[I(patent), X(patent)] \cdot f(K, L)$$

其中，Y 为最终产品，A 为全要素生产率，$f(.)$ 为生产函数，K 是资本存量，L 是投入的劳动力数量。全要素生产率由技术创新和技术扩散来决定。上文中我们研究了专利制度对于技术创新的影响，接下来分析其对于技术扩散的影响。专利制度的建立既可以促成技术交易，也可以披露信息使得竞争对手模仿，两者都能促进技术的传播。但是专利制度也可能会因为技术垄断，使得原本的一些共用的基础技术受到影响，所以专利制度对技术扩散是有利有弊的。

2. 异质性发明创造的产业区分

专利法制定之初，预设的保护对象是一系列同质的机械装置和流程发明创造，随着时间的推移，技术的复杂性和异质性增强，其中因行业的差异造成技术的异质最为突出。而发展到今天，各种复杂的技术基于不同产业的异质性就更加明显。技术发明的产业异质性，可以从以下方面来理解：

首先，研发成本的差别。诸如制药行业，需要大型的科学家团队经年累月的长时间研发。为确保药物安全、获得食品药品管理局的批准,制药企业通常需要花费几年时间、测试几百种化合物。而类似于计算机软件产业,对研发投资的需求就小得多,通常两个程序员在车库里就能研发出一套商业软件程序。显然,产业的研发成本具有相当大的差异,为了确保有足够的研发激励,研发成本较大的产业需要更强的专利保护力度。

其次,创新收益回报机制的区别。专利保护不是激励创新的唯一手段,市场、声誉、地位等因素都是强大的发明动力。对于那些仿制成本高的产业,发明者能通过品牌认知、网络效应等手段保持市场先占优势的产业,产业变化速度迅疾、淘汰率高的产业,技术特征能有效隐藏于产品内部的产业,发明者可以获得学术奖励甚至终身荣誉的产业,有强大研究基金赞助支持的产业,专利法只起到辅助作用。只有在那些研发成本与仿制成本的差值很大、发明者无法获得专利法以外的物质及非物质支持的产业中,专利才应发挥主导强势作用。专利法本质上是政府基于重商主义经济政策而对市场进行的审慎干预,法律应保持必要的谦抑,只有当其他激励失灵时才有作用的空间。

再次,创新风险的差别。创新尽管能带来巨大的社会收益,但创新本身并非毫无成本,它会阻碍标准化进程,从而减缓市场的选择。某些行业表现得更为突出。譬如计算机软件业,创新可能影响产品的稳定性,导致不兼容甚至系统崩溃。生物医药业的创新还可能危及人类健康与生态环境。不同行业的最优创新限度,是产业化专利政策的关键变量。

最后,还存在创新累积性特质的区别。制药业的研发具有单向和独立性,最终只生产单一的产品,不需要进一步优化开发。而计算机软件则恰恰相反,创新的累积性是其核心特征,任何创新都只是开始,每一次的更新换代都要踏在先前版本的肩膀上。因此,专利政策应该加以区分,是重视开创性发明抑或改进型发明。

3. 专利制度与产业属性

专利制度由国家统一设立,并且由地方政府进行执行。但是,统一的专利制度不能适应各个行业对专利制度的多样化需求,这使得专

第 5 章　中国专利制度有效性的经验分析

利制度对于不同产业发挥的作用也不相同。

第一，产业异质性导致企业利用专利制度的动机不同。产业的属性不同，申请专利的动机也不相同，一些产业具有传统动机，即获取技术的市场垄断权。另外，在一些产业，专利申请还可以起到延缓竞争对手技术发展的"阻挡动机"，常见的有专利组合形成的"专利丛林"。一些产业在发展过程中，需要申请一些专利和其他企业进行交换，以达到自己获取技术的目的，在这些产业中存在着大量的交叉许可专利。另外，在中国还有一些产业专门为了获取国家的优惠政策而申请专利。所以，产业属性不同导致了专利行为的多样化。

第二，产业异质性导致了行业的专利溢价不同。专利制度为企业保护自身的创新成果选择提供了一个新的手段，使得依赖于专利保护的行业增加创新投入，存在显著为正的激励效应。激励效应的大小取决于行业的专利溢价，但是每个行业的专利溢价是不同的，一些行业特别需要用专利手段来保护自己的创新成果，如制药与软件行业；而另一些行业对专利制度的利用很小，主要以保密、先动优势替代资产等其他手段保护自己的创新成果，比如机械与电子等行业。

第三，产业异质性导致了以专利为媒介所产生的技术扩散效应的差异。申请专利进行了信息的披露，增加了知识的存量，但是专利也有限制访问的功能，所以专利制度的扩散效应的方向要依靠具体情况才能确定。在一些行业，专利被用作竞争手段，企业以专利组合构建竞争优势，来阻挡竞争对手抢占市场，形成垄断的市场结构。同时，战略专利占据技术发展的关键节点，其他企业在没有得到专利持有者允许的前提下不能使用该项技术，那么就对知识扩散产生负面的作用。当然，在另一些行业，专利申请者披露了新的信息，这样会促进其他企业对其进行模仿创新，如此便鼓励了知识扩散。

5.2.2　计量模型、数据与指标

1. 计量模型的建立

在现实经济社会中，由于经济结构或者经济背景发生变化，或者

个体的差异或个体所在经济背景的差异性,这就必然会导致反映经济关系的统计参数随着时间或横截面个体的不同而变化,因此采用固定系数模型建模已无法很好地追随这种动态的变化,应该考虑建立变系数的模型。

变系数模型可以分为时变参数模型与个体变系数模型。本节的实证需要建立个体变系数模型。Zellner 在 1962 年提出了变系数面板数据模型[①],可以考察不同的截面个体存在的差异。变系数模型又可细分为固定效应变系数模型和随机效应变系数模型两类,两类模型在计量方面各有长处。本书采取变系数固定效应面板数据模型,因为它可以考察个体实质性的差异,而个体非随机扰动性的差异,其基本形式为:

$$y_{it} = a_i + x_{it}b_i + \mu_{it} (i=1, \cdots, N; t=1, \cdots, T)$$

y_{it} 为被解释变量,$x_{it} = (x_{1it}, x_{2it}, \cdots, x_{kit})$ 为 $1 \times k$ 维解释变量,N 表示截面个体单元的数量,T 表示每个截面单元的观察时期数,k 表示解释变量的个数,参数 a_i 表示模型的常数项或截距项,$b_i = (b_{1i}, b_{2i}, \cdots, b_{ki})'$ 为对应解释变量的 x_{it} 的系数向量,μ_{it} 为随机误差项,若记 $X_{it} = (1, x_{it})'$,$\beta_i = (a_i, b_i')'$,则上述模型可以写成矩阵的表示形式:$Y = X\beta + U$,其中

$$Y = \begin{bmatrix} Y_1 \\ Y_2 \\ \cdots \\ Y_N \end{bmatrix}_{NT \times 1}, \quad X = \begin{bmatrix} X_1 & & & 0 \\ & X_2 & & \\ & & \cdots & \\ 0 & & & X_N \end{bmatrix}_{NT \times N(k+1)},$$

$$\beta = \begin{bmatrix} \beta_1 \\ \beta_2 \\ \cdots \\ \beta_N \end{bmatrix}_{NT \times 1}, \quad \mu = \begin{bmatrix} \mu_{i1} \\ \mu_{i2} \\ \cdots \\ \mu_{iN} \end{bmatrix}_{iT}$$

进一步假设 $E(\mu_i) = 0$,$E(\mu_i \mu_i') = \sigma_i^2 I_T$,$E(\mu_i \mu_j') = \sigma_{ij} I_T$,这里的 I_T

---

① 面板变系数模型又称为似不相关回归模型(Seemingly Unrelated Regression Model,SUR)。

第5章 中国专利制度有效性的经验分析

是 T 阶单位矩阵。

本书检验专利制度与制造业各行业全要素生产率之间的复杂关系。考虑到行业专利数量对于行业全要素生产率的影响是异质性的，β 的符号与数值大小因行业不同而不同，因此我们采取面板变系数的估计方法。专利数量这个核心的解释变量的回归因行业不同系数不同，而引进技术的对数值对于被解释变量影响性质是相同的。

本书设计两个计量方程，分别是总效应方程和 R&D 效应方程。总效应方程考察专利数量与全要素生产率的关系，这被视为 R&D 效应与技术扩散效应的综合；而 R&D 效应方程考察专利数量与 R&D 投入的关系，这被视为激励效应与技术创新阻塞效应的综合。具体的计量方程如下：

总效应方程：
$$TPF_{it} = a_i + \lambda_i \ln patent_{it} + \beta_1 \ln RD_{it} + \beta_2 \ln human_{it} \\ + \beta_3 \ln scale_{it} + \beta_4 \ln trade_{it} + \varepsilon_{it}$$

R&D 效应方程：
$$\ln RD_{it} = a_i + \lambda_i \ln patent_{it} + \beta_2 \ln human_{it} \\ + \beta_3 \ln scale_{it} + \beta_4 \ln trade_{it} + \varepsilon_{it}$$

式中，TFP 为行业的全要素生产率，$\ln patent$ 为行业专利数量，并取对数处理，并且我们取若干滞后项，经单位根检验，TFP 与 $\ln patent$ 具有协整关系。我们首先生成个体的虚拟变量，然后求出 $\ln patent$ 与个体虚拟变量的交叉项，最后用面板数据模型的命令在 stata 软件中进行回归。在 R&D 效应方程中，由于存在内生性的问题，我们采取专利数量的滞后一期作为工具变量来处理内生性问题。

2. 指标与数据

（1）行业的全要素生产率增长率。为避免人为设定生产函数及其具体参数带来的估计误差，我们采用 Fare 等人基于数据包络分析（DEA）的曼奎斯特指数法来计算全要素生产率的变动。以各行业工业总产值作为产出变量①，实际固定资产净值以及年平均从业人员数量作为投入变量，为消除价格影响，需要对涉及价值的指标进行价格调整。对固定资产存量的价格调整采用常用的永续盘存法，其中固定资产折旧率取 5%。在规模报酬非递增和投入要素弱可处置条件下，利用投入导向的 DEA 模型，估算内资工业企业的曼奎斯特生产率指数，这就是各工业相对全要素生产率的增长率。

（2）行业的专利数量 patent、研发经费 R&D、人力资本 human、开放程度 trade 以及市场规模 scale。这些数据来自历年《中国科技统计年鉴》，我们计算行业专利数量 patent 的存量，并取对数处理。研发经费 R&D 存量取对数，人力资本 human 是行业的科技人员数，开放程度 trade 为行业进出口占行业总产值的比重，以及市场规模 scale 用行业的总产值作为指标。

3. 模型的选择与检验

为了避免模型设定的偏差，改进参数估计的有效性，需要对样本数据究竟属于哪一种面板数据模型形式进行检验，即须对模型设定的合理性进行检验。相对于固定影响的变系数模型来说，样本数据究竟属于固定影响变截距模型还是混合估计模型，可以通过 F 检验来完成。主要检验如下两个原假设：

H1：$b1=b2=b3=\cdots=bN$（系数相同，截距不相同）

H2：$a1=a2=a3=\cdots=aN$，$b1=b2=b3=\cdots=bN$（系数相同，截距也相同）

倘若接受原假设 H2，则表明样本数据属于混合估计模型，无须做进一步检验。如果拒绝假设 H2，则须检验假设 H1；若接受假设 H1，则表明样本数据属于固定影响变截距模型。反之，则认为样本数据属于固定影响的变系数模型。在假设下，检验统计量服从相应自由度下的 F 分布，即：

---

① 对于工业总产值，以各行业第 t 年的工业品出厂价格指数 Pit（Pi1999=1）对工业总产出进行平减，得到分行业 i 的实际总产值：Yit=Yit/Pit；同理，对各行业工业增加值 Yit 进行价格平减可得到实际工业增加值。

第5章 中国专利制度有效性的经验分析

$$F_2 = \frac{(S_3 - S_1)/[(N-1)(k+1)]}{S_1/[NT - N(k+1)]}$$
$$\sim F[(N-1)(k+1), N(T-k-1)]$$

若计算得到的 F2 统计量值大于给定置信度下的相应临界值，则拒绝原假设 H2，继续检验原假设；反之，则表明应建立混合估计模型。在假设 H1 下，检验统计量 F1 服从相应自由度下的 F 分布，即：

$$F_1 = \frac{(S_2 - S_1)/[(N-1)(k+1)]}{S_1/[NT - N(k+1)]}$$
$$\sim F[(N-1)(k+1), N(T-k-1)]$$

其中，N 为样本容量，k 为解释变量的个数，S_1 表示固定效应变系数模型的残差平方和，S_2 为固定影响变截距模型的残差平方和，S_3 为混合模型的残差平方和。若计算得到的统计量值大于给定置信度下的相应临界值，则表明建立固定影响的变系数模型是合理的；反之，则表明应建立固定影响的变截距模型。为了计算上述两个统计量的值，需要记录三个模型的残差平方和的值。

5.2.3 结果分析

我们首先要对模型设定的合理性进行检验，检验的结果如下表 5-8 所示：

表 5-8 模型设定的检验结果

模型	原假设	F 统计量	自由度	P 值	结论
总效应方程	H1: $b1 = b2 = b3 = \cdots = bN$	16.87	(5, 158)	0.00	拒绝
	H2: $a1 = a2 = a3 = \cdots = aN$, $b1 = b2 = b3 = \cdots = bN$	24.86	(5, 158)	0.00	拒绝
R&D 效应方程	H1: $b1 = b2 = b3 = \cdots = bN$	37.73	(5, 168)	0.00	拒绝
	H2: $a1 = a2 = a3 = \cdots = aN$, $b1 = b2 = b3 = \cdots = bN$	42.15	(5, 68)	0.00	拒绝

根据表 5-8 的检验结果,我们可以清晰地看到 F 检验都拒绝了原假设,所以模型设定为面板变系数模型比较合适。然后,我们首先估计专利制度对行业全要素生产率的计量方程,结果显示在表 5-9 中。

估计结果表明,C2 石油和天然气开采业,C3 黑色金属矿采选业,C5 非金属矿采选业,这些行业的专利授权对于行业生产率作用显著为负。我们对此曾经疑惑不解,因此进行了一定的调查研究,研究发现,因为开采行业本身不具备技术研发能力,所以当一项专利申请后,竞争对手很难再去模仿创新。大量的专利存在,导致采矿企业专有技术的使用权,使得这些行业反而受制于专利制度。C7 食品制造业、C14 家具制造业两个行业专利申请对全要素生产率影响为负,但是统计上不显著。

煤炭采选业、有色金属矿采选业、皮革毛皮羽绒及其制品业、文教体育用品制造业、橡胶制品业、电子及通信设备制造业专利申请对全要素生产率影响为正,但是统计上不显著。似乎可以用专利制度的"无用论"来解释,但是,电子及通信设备制造业专利的授权量与行业的全要素生产率的关系不显著,这与我们的常识不符,调查研究表明专利制度在电子及通信设备制造业中存在错综复杂的影响,专利应用于战略性的竞争,导致专利制度正的激励效应与负的扩散效应相互抵消,因此很难用线性回归找出规律。

表 5-9 总效益模型的估计结果

行业代码	系数	T 值	P 值	行业代码	系数	T 值	P 值
C1	0.10	1.91	0.06	C17	0.02	0.49	0.62
C2	-2.44	-4.71	0.00	C18	0.04	0.84	0.40
C3	-0.04	-1.16	0.25	C19	0.30	2.98	0.00
C4	0.05	1.51	0.13	C20	0.32	3.26	0.00
C5	-1.34	-8.51	0.00	C21	0.10	2.19	0.03
C6	0.11	2.79	0.01	C22	0.05	1.41	0.16
C7	-0.06	-0.44	0.66	C23	0.23	5.93	0.00
C8	0.26	5.91	0.00	C24	0.31	6.58	0.00

第 5 章 中国专利制度有效性的经验分析

续表

行业代码	系数	T值	P值	行业代码	系数	T值	P值
C9	0.04	1.46	0.11	C25	0.09	2.30	0.02
C10	0.08	2.76	0.01	C26	0.07	2.29	0.02
C11	0.11	2.72	0.01	C27	0.19	4.76	0.00
C12	0.04	1.35	0.18	C28	0.65	4.39	0.00
C13	0.13	4.83	0.00	C29	0.20	6.40	0.00
C14	−0.02	−0.55	0.58	C30	0.13	3.32	0.00
C15	0.32	6.35	0.00	C31	0.04	1.19	0.24
C16	0.12	3.04	0.00	C32	0.18	4.87	0.00
lnRD	0.14	5.19	0.00				
lnhuman	0.02	0.79	0.43				
lnscale	0.63	3.42					
lntrade	0.11	3.35	0.00				
常数项	−2.63	−10.20	0.00				
F 统计量		15.66	0.00				
R^2		0.95					

注：C1 煤炭采选业；C2 石油和天然气开采业；C3 黑色金属矿采选业；C4 有色金属矿采选业；C5 非金属矿采选业；C6 食品加工业；C7 食品制造业；C8 饮料制造业；C9 烟草加工业；C10 纺织业；C11 服装及其他纤维制品制造；C12 皮革毛皮羽绒及其制品业；C13 木材加工及竹藤棕；C14 草制品业；C15 造纸及纸制品业；C16 印刷业记录媒介的复制；C17 文教体育用品制造业；C18 石油加工及炼焦业；C19 化学原料及制品制造业；C20 医药制造业；C21 化学纤维制造业；C22 橡胶制品业；C23 非金属矿物制品业；C24 黑色金属冶炼及压延加工业；C25 有色金属冶炼及压延加工业；C26 金属制品业；C27 普通机械制造业；C28 专用设备制造业；C29 交通运输设备制造业；C30 电气机械及器材制造业；C31 电子及通信设备制造业；C32 仪器仪表文化办公用机械。

在其余 19 个行业中，行业面板变系数模型显示，专利制度的影响全部显著为正，但是作用的大小程度不一，因为我们的模型全部采用对数的形式，所以有弹性的经济学含义，比如在交通运输设备制造业，专利数增加 1%，这个行业的全要素生产率就增加 0.65%。因此，我们按照系数的大小进行排列，来确定专利制度发挥作用的程度，如表 5-10 所示。

表 5-10 专利制度对全要素生产率的提升程度

排名	行业代码与名称	促进程度	排名	行业代码与名称	促进程度
1	C29 交通运输设备制造业	0.65	11	C13 木材加工及竹藤棕草	0.13
2	C15 造纸及纸制品业	0.32	12	C16 印刷业记录媒介的复制	0.12
3	C25 有色金属冶炼及压延加工业	0.31	13	C6 食品加工业	0.11
4	C20 医药制造业	0.32	14	C10 纺织业	0.11
5	C19 化学原料及制品制造业	0.30	15	C26 金属制品业	0.09
6	C8 饮料制造业	0.26	16	C27 普通机械制造业	0.07
7	C24 黑色金属冶炼及压延加工业	0.23	17	C23 非金属矿物制品业	0.05
8	C28 专用设备制造业	0.19	18	C18 石油加工及炼焦业	0.04
9	C32 仪器仪表文化办公用机械	0.18	19	C11 服装及其他纤维制品制造	0.04
10	C30 电气机械及器材制造业	0.13			

注：促进程度是模型中的回归系数，系数具有弹性的经济学含义，因此不同行业具有一定的可比性。

我们可以发现在大部分加工制造业中，专利制度作用效果明显，专利授权量可以积极地提高这些行业的全要素生产率，这些行业都是中国具有比较优势的行业，经济活动很活跃。再有，像医药制造、电子电气行业、化学原料、仪器仪表等行业也都受益于中国的专利制度。

从表 5-11 中 R&D 效应的方程中可以看出，在这些行业中，预计中专利制度的阻塞效应没有明显体现，或者被激励效应所冲抵，或者这种阻塞效应可以忽略不计。第一种可能的原因是，在后发追赶的进

第5章 中国专利制度有效性的经验分析

程中，中国的创新与模仿是一种离散型的，较少地访问周围相关的知识，同时由于知识代际更新快，也没有限制访问基础知识的问题；第二种可能原因是，中国的专利制度的设计倾向于克服限制访问的问题，专利保护范围狭窄，企业或个人通过学习和创造取得专利，但是其竞争对手很容易推出类似的技术或者产品，这样是有益于知识扩散而不是阻碍知识扩散。

表 5-11 R&D 效应方程的估计结果

行业代码	系数	T 值	P 值	行业代码	系数	T 值	P 值
C1	0.25	3.39	0.00	C17	.057	1.11	0.27
C2	0.32	6.42	0.00	C18	−0.01	−0.18	0.86
C3	−0.06	−0.66	0.51	C19	0.26	4.14	0.00
C4	0.25	3.32	0.00	C20	0.33	7.02	0.00
C5	0.26	2.03	0.04	C21	0.31	4.45	0.03
C6	0.15	1.98	0.05	C22	0.35	5.76	0.16
C7	0.15	2.81	0.01	C23	0.17	2.98	0.00
C8	0.26	5.63	0.00	C24	0.25	3.53	0.00
C9	0.08	0.98	0.33	C25	0.21	3.38	0.02
C10	0.22	3.57	0.00	C26	0.18	3.18	0.02
C11	0.18	2.89	0.00	C27	0.26	4.11	0.00
C12	0.1	1.35	0.18	C28	0.26	4.37	0.00
C13	0.29	4.77	0.00	C29	0.24	3.73	0.00
C14	−0.02	−0.29	0.77	C30	0.24	4.12	0.00
C15	0.36	5.69	0.00	C31	0.23	3.52	0.24
C16	0.23	4.29	0.00	C32	0.21	3.50	0.00
lnhuman	0.24	3.09	0.00				
lnscale	0.60	8.70	0.00				
lntrade	0.04	0.78	0.44				
常数项	3.05	4.92	0.00				
F 统计量		66.82	0.00				
R2		0.79					

注：行业代码与表 5-9 一致。

总体来讲，中国的专利制度是有效的，能够促进我国制造业的技术进步。在大多数制造业行业中，中国的专利制度对于行业全要素生产率具有积极的总效应。总效应可以分解成为技术扩散效应和 R&D 效应，研究发现专利制度的 R&D 效应显著为正，R&D 效应中专利制度的激励效应完全冲抵了阻塞效应。这说明中国作为发展中国家，拥有后发优势，创新的潜力十分巨大，专利制度在学习国外发达国家的先进的技术知识方面，发挥着积极的作用。但是，中国企业技术进步的方式仍然是简单的技术交易和纵向模仿，缺乏原创性的创新，同时整体上来看，中国企业的技术竞争还未走向高级别的专利竞争，企业对专利制度应用还处于较为初级的阶段。

第6章
外国在华专利与中国技术进步

外国在华专利分为国外对华出口企业在中国申请的专利和在华外资企业申请的专利。根据国家知识产权局的统计数据,至2010年底,全国累计授权专利389.7万件,其中,国内专利338.5万件,占比86.84%,外国在华专利为51.3万件,占比13.16%。但是,从含金量最高的发明专利来看,全国累计发明专利72.2万件,其中国内33.6万件,占比46.57%,国外38.6万件,占比53.43%。

6.1 外国在华专利影响机制的理论分析

6.1.1 外国在华专利与技术扩散

外国在华申请的专利可能将新的技术引入到中国的市场,从而对中国技术创新产生扩散效应。外国在华专利对中国技术扩散的作用机制主要体现在两个方面:

其一,中国企业能够在许可使用、合营或其他技术交易中积累和使用外国在华专利,专利信息为技术转让提供便利。通过正式许可契约实施技术转让是技术扩散的重要组成部分,专利许可也是技术创新者在知识产权制度下获得技术创新收益的重要途径之一。外国企业由于在本国生产失去了比较优势，同时对中国的直接投资又没有内部化优势，就会倾向于以专利转让或者专利许可的方式向中国企业转让。就会专利特有的产权界定与信息披露的职能，就能够推动技术交易的开展。

其二，中国企业可以通过专利所披露的信息实现知识的获取，进行消化吸收再创新。外国在华专利也为国内本土企业提供新的知识与技术源头[1]，本土企业在此基础上进行学习和进步，形成具有差异性的技术。Almeida（1996）的经验研究表明：在美国国内的外国专利，被本土企业引用的频率相当高，这说明外国专利能够促进美国国内企业的技术进步。在中国也出现了同样的现象，外国在华专利往往体现了较新的技术动态，因此往往会受到国内本土企业的特别"照顾"。通过技术说明书的公布，使专利带来的这部分最新技术情报在国内范围内得到广泛的传播。因此，外国在华专利这一信息公开和传播，对促进科技信息的流通，最终提高中国整体社会的科技水平是非常重要的[2]。

6.1.2 外国在华专利与技术创新

通过参考国内外文献，笔者分析了有关跨国公司专利申请影响中国技术创新的作用机制，主要集中在以下几个方面：

第一，规范本国专利保护机制。在成熟的市场经济体系中，规范而有效率的制度发挥了不可替代的作用，发达国家以制度建设获得了

---

[1] 要注意的是，专利技术不同于专有技术，专有技术能够控制技术秘密，专利技术和专有技术的有机结合才能够保持技术优势，单纯通过专利技术进行学习不仅是不完整的，而且这些专利在中国申请之前均已被外国专利局公开。

[2] 取得专利权的国外专利文献是经过专利局审查的，它所记载的发明创造均具有新颖性、创造性和实用性。通过对科技工作者的交流，我们了解到国外专利文献比一般的科技文献更广泛、更准确、更珍贵。

第6章 外国在华专利与中国技术进步

前所未有的优势[①]。中国专利制度有了很大的进步，但是本国企业还缺乏运用这些制度的经验，外国企业应用这些专利制度，会给本国企业做出示范，同时外国企业的利益诉求产生了对中国政府巨大的压力，又会令中国专利制度朝着更加公平公正的方向发展。这样，在办理国外专利申请和处理国内外专利纠纷过程中可以规范我国以专利制度为核心的知识产权保护机制。

第二，示范效应激发本国企业更多的创新。外国在华申请的专利能够在中国的专利文献索引中查到，国内本土企业可以利用相关领域的专利文献，了解和把握国外新技术的发展水平和动向。虽然使用专利技术需要得到专利持有人的许可，但是发明的思想却能免费获得，这可以激发他人的发明灵感，甚至在此基础上形成新的发明。对于中国这样的后发国家而言，通过研究外国在华专利的有用信息，在科研选题和方案制定时可以避免重复，少走弯路，减少无效劳动，从而站在"巨人"的肩膀上发展最新的技术和产品。

第三，竞争效应激励中国企业技术创新。专利竞争是技术创新竞争的高端表现形式，技术创新竞争不但要创造出更有竞争力的产品，或者更具有生产率的技术，同时对这些产品或者技术的保护也是重中之重。近年来专利竞争开始走调，逐步以扼杀竞争对手为目的，但是这也是技术发展走向科学化管理的必经之路。根据国家知识产权局调查，全球500家跨国公司中的161家在华申请了专利，这些专利具有申请量大、增速快、质量高等特点[②]。大量外国在华专利给中国本土企业造成了巨大的竞争压力，逼迫这些企业努力提升创新能力和市场生存空间。在跨国公司专利战略的高压下，中国企业想要生存就必须增加R&D投入，研发具有自主知识产权的产品，否则就会受制于人，不但付出高昂的成本代价，也有可能掉进发达国家的专利陷阱之中。

---

① 比如，美国将专利制度为核心的知识产权保护制度视为国家经济崛起的支柱、参与国际市场竞争的法宝。

② 世界500强企业在华申请的专利占外国在华申请量的1/5左右，年均增速高达31.47%，远远超过中国企业申请量增长25%左右的水平。

第四，跨国公司与中国本土企业研发互动效应。跨国公司通过海外的专利申请，获取高额的收益，同时也刺激中国本土企业的自主创新，而中国企业的技术进步反过来又推动跨国公司为了维持垄断地位加大研发投入，将新技术源源不断地输送到中国国内，产生了一种"挤牙膏"效应。另外，一方面跨国公司的生产技术不断本土化，在中国产生了适应性的发明，从而提高中国的生产率[①]；另一方面，中国企业技术创新更具多样化，能够充分吸收各方的优点，有助于形成企业新的技术优势，扩大中国本土企业具有相对优势的范围，从而推进中国企业开辟新的市场[②]。

6.2 外国在华专利"扩散效应"抑或"阻塞效应"

6.2.1 经验研究的困惑

从理论上讲，外国在华专利既能促进技术扩散，同时也能促进技术创新。然而，跨国公司专利申请反映的是自身的战略意图，这与东道国本土企业的技术学习没有必然联系，东道国本土企业只有通过持续的投资经营与学习创造活动，才有可能掌握跨国公司的先进技术。按照前文的理论分析，专利制度对经济的影响也是极其复杂的，它既可以促进一个国家的技术进步，也可阻碍一个国家的技术进步，对于外国在华专利的经验研究有两种不同的结论：

一种研究结论是，外国专利申请作为国际技术扩散的重要路径之一，加快了先进技术知识的转移和扩散，从而对中国产生显著的技术

---

① 如美国宝洁公司针对亚洲各国特点所进行的产品改进，成功地推动其海外市场的拓展。
② 例如，联想集团收购 IBM 的 PC 部，长虹与东芝合作在日本设立研究与设计机构，华为在美国硅谷建立芯片研究所，格兰仕先后在日本、美国和北美地区成立微波炉研究所，小天鹅在美国和日本东京独资设立研究机构等。

扩散效应。李平（2007）通过借鉴 Coe & Helpman 的贸易溢出模型，构建了国外专利申请的技术溢出模型，对国外专利申请对中国技术进步的影响进行实证分析，结果表明：国外专利申请具有技术溢出作用，但其推动作用小于国内 R&D 资本存量的技术进步的作用。Sun（2003）研究探讨了 1985 年至 1999 年外国在华的专利及其决定因素模式，认为中国的专利系统更倾向于促进技术扩散而不是保护发明，对国内其他企业更加有利。

另一种研究结论认为，外国在华专利不仅攫取了中国的经济租金，而且还妨害了中国自身的技术进步。专利制度并非传统意义上的保护发明成果不受模仿，而是被用作构筑竞争优势的有力手段。陈琼娣和余翔（2009）利用专利信息分析的方法研究了韩国和美国在华发明的申请及其授权的基本格局，认为发达国家从战略的高度来进行专利布局：通过申请战略专利，来抢占关键的技术节点。冯晓青（2008）认为发达国家通过专利标准来确立行业的技术标准，封锁竞争对手的技术进步空间。杨中楷、孙玉涛（2008）认为，这会使国外企业与国内企业的专利竞争更加激烈。刘小青、陈向东（2010）认为发达国家在发展中国家的专利活动正成为技术资源控制的新手段，其技术创新能力、对华投资和贸易活动是其在华专利活动的基础。外国在华申请专利是为了保护自身的技术不受侵害，而不是促进技术扩散。

6.2.2 外国在华专利申请动机的转变

为了解决上述经验研究的困惑，笔者追本溯源，探究外国在华专利的申请动机。外国专利的申请动机由宏观经济环境、法制环境、竞争环境、产业形态、企业自身技术能力发展等因素决定。而中国经济在不断发展变化，同样外国在华专利对中国技术进步的影响也是变化的。起初，这些外国专利的性质，可能是通过技术许可的形式，促进知识扩散，但是最近中国企业在外国发明专利上添加少量的改进技术，从而成为外国企业平等的竞争对手。这使得外国对华的专利申请动机开始发生了变化。本书从以下四个方面，说明在最近的一二十年，外国在华专利对中国技术进步的影响发生了本质的变化。

1. 从技术转移到垄断市场

中国建立专利制度的初衷为了适应国际贸易和国际交流的需要。专利具有对无形的知识资本进行有形定价的功能，并且可以保护发明人权益，这对于技术转移来说至关重要。改革开放之初，中国企业为了生产的需要，购买外国的成套设备，但是外国企业担心卖给中国的技术得不到专利保护，卖给一家工厂的技术会被转给另一家，或者被任意仿制，因而出售的价格会高出很多，造成一些合同一谈几年不能谈妥，因此专利制度的缺乏给中国同世界各国的技术交流带来了巨大的困难。因此，中国政府认为，开展国际贸易和科技合作就必须建立专利制度。

然而，跨国公司进入中国市场初期，其投资性质是获取原材料与利用廉价劳动力，打造下游企业，专利战略以技术转让策略为主。近年来跨国公司对中国的生产转移已经遭遇到瓶颈，经济活动开始以占领中国市场为目标，其专利战略也随之转向。20世纪90年代后期，跨国公司加紧了对中国市场的争夺。为了应对来自其他跨国公司投资企业和迅速成长的中国企业的竞争，跨国公司改变了技术转让策略，将其对中国的技术投入与中国市场的开拓同步进行。

据中国汽车工业行业协会统计，外资合资大型汽车厂商（不包括港澳台合资企业）共14家，占中国汽车制造商总数量的16%，但它们却获得了整个行业82.55%的利润。这些跨国汽车巨头对核心技术的严格控制，如表6-1和表6-2所示，合资的汽车企业拥有数量很少的专利技术，而外国的母公司通常是在中国存在大量专利，而且这些专利以发明专利为主。可以看出，跨国公司的专利申请动机已经不再是以技术转移的目的，而转变成为以垄断市场为目的。

第6章 外国在华专利与中国技术进步

表6-1 2006年中国十大汽车公司拥有的三种专利

公司名称	总计	占比	发明专利	实用新型	外观设计
上海通用	54	11%	0	0	54
上海大众	58	12%	8	21	29
一汽大众	0	0%	0	0	0
北京现代	0	0%	0	0	0
广州本田	1	0%	0	0	1
天津一汽	5	1%	0	0	5
奇瑞汽车	272	56%	15	70	187
东风日产	0	0%	0	0	0
吉利汽车	50	10%	6	9	35
东风标致	50	10%	3	9	38

资料来源：Zhu, X.和Liang, Z.（2006a）表3。

表6-2 2006年外国母汽车公司在华拥有的三种专利

公司名称	总计	发明专利	实用新型	外观设计
通用汽车	231	230	0	1
大众汽车	291	254	0	37
现代汽车	489	460	0	29
本田汽车	3861	3000	57	804
丰田汽车	1994	1260	41	693
尼桑汽车	3	3	0	0
标致雪铁龙	18	4	0	4
总计	6887	5221（76%）	98（1%）	1568（23%）

资料来源：Zhu, X.和Liang, Z.（2006a）表4。

2. 从保护重大技术到构筑竞争优势

随着中国市场竞争的加剧，外国在华专利的质量与形态发生了微妙的变化。先前主要以单一的专利保护其重大的技术，通过"跑马圈地"的方式在中国抢注专利。但是近几年来，国外企业在华专利申请的特点，并非单纯是保护其重大的技术，而是通过大量价值含量不高的专利来构筑专利壁垒，从而达到限制中国技术发展的目的。

125

国家知识产权局在 2006 年对在中国进行专利申请的企业进行了一项调查。样本涵盖了 43383 家公司申请的 310554 项专利。按照企业类别样本可划分为国内私人控股企业、国有企业和控股企业、集体控股企业、外商控股企业及港澳台控股企业，分别占 55.8%、20.6%、11.8%、6.2% 和 5.7%。在此次调查中，专利的实施分为五种模式：从未实施，只通过自我实施，只授权给他人，自我实现也授权给别人，专利权限转移。从下图 6-1 中我们可以清楚地看到，在不同类型的企业中，外国在华企业专利的实施是最低的，近 26% 的专利申请总量从来没有实施。另外，外国在华企业，近 80% 至 90% 的总的专利实施仅由自己来实现，而未进行授权与转移。这似乎表明，与中国企业相比，跨国公司在中国更可能使用专利来达到获取竞争优势的战略目的。

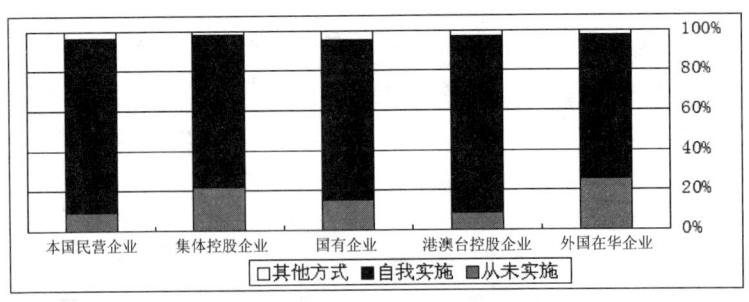

图 6-1 2006 年中国专利的实施情况

资料来源：Zhang 等（2008，p.66，Figure 38）。

外国企业利用专利构筑竞争优势，主要有两种方式：第一，与实力相当的企业相互合作，进行专利的交叉许可，最后形成企业专利联盟，构成对整个行业的技术控制。据统计，全球 500 强企业有 60 个主要的战略联盟，联合战线已成为众多企业的理想之选，通过联盟在群体内优势互补，成为行业中的佼佼者甚至占据垄断地位是联盟企业的最终目的。第二，利用专利建立私有协议或行业标准。技术专利化、专利标准化、标准垄断化是知识经济下国际竞争的新规则。比如，思科系统有限公司宣布对华为技术有限公司及其子公司就华为非法侵犯思科专利权提起法律诉讼。①思科的专利实质是一种协议,同时也企业的技术标准,不过它已逐渐演化为行业标准和国际标准。

3. 核心技术专利不断减少

中国高技术产业不是平地而起,而是依靠外国技术发展起来的,在核心技术和关键环节上落后于国际先进水平 10 年左右。专利在其中发挥了特殊的作用,随着中国技术创新能力的发展,外国企业已经不再将核心的技术在中国申请专利。源于专利制度信息披露的职能,加上中国专利保护具有狭窄索赔的特点,外国的核心技术很容易被中国企业模仿和改造,从而中国企业成为与其平等的竞争对手。所以外国在华专利的特点是核心技术专利越来越少,而垃圾专利越来越多。

例如,改革开放之初,中国以进口成套设备的方式,发展国内的数控机床产业,与此同时将相关的专利技术一并引进。20 世纪 90 年代,中国先后从美国、日本、意大利和德国引进了很多数控系统和伺服技术的外国专利,在此基础上,依靠自身的研发能力陆续开发了一批较为前沿的数控机床,推动了中国数控机床产业的发展,数控机床产业链基本形成。然而好景不长,西方国家意识到中国机床产业的迅猛发展,已经不再需要他们过时的技术时,就开始严格限制高档数控机床专利的出口,因此,中国很难再引进国外核心技术和关键部件。在其他的行业中,也不难发现,外国在华专利大多已经不再是核心的技术。

4. 国内本土企业与外国企业专利纠纷增多

专利权被称为是"诉讼中的物权"。改革开放以来,由于中国企业界的专利意识不足,导致中国本土企业成为被跨国公司专利武器猛烈狙击的对象,近年来,这种诉讼战有愈演愈烈的趋势。据统计,仅加入世界贸易组织以来,中国企业因专利权纠纷引发的经济赔偿就达数十亿美元。外国企业在中国完成他们的专利布局后就会发起专利攻势:机械、汽车、电子、化工、制药等行业都遭到外国的专利侵权诉讼,

---

① 华为是思科在亚洲地区最大的竞争对手,同类产品的价格远低于思科,思科起诉华为,其用意不言而喻:限制华为在国际市场上的扩张,在华为进军国际市场大展拳脚之初,就将其压制住甚至消灭掉。

外国愈来愈严密的"专利封锁",使中国企业在发展道路上障碍重重,举步维艰,大大压缩了中国企业的生存空间。其中,外国企业在专利诉讼维权中也不乏恶意滥用专利权,使为数众多的中国企业掉入"专利陷阱",赔付价值不菲的专利费。[①]

6.2.3 理论假说

不难看出,跨国公司的专利战略已经从最初的保护创新、促进技术转移异化成为进行市场控制、限制竞争对手的工具。外国在华专利申请动机的变化,源于跨国公司对中国深刻变革的政策环境与市场环境的适应性调整。通过以上的理论分析,我们可以得出下面的基本假说:

外国在华专利对中国技术进步(全要素生产率)的影响是变化的,从最初的促进中国技术进步的"扩散效应",逐步演变成为妨害中国技术进步的"阻塞效应"。

6.3 计量模型设定、数据与结果

6.3.1 研究设计

专利的申请量和授权量会影响全要素生产率的增长。和以往人们的认识不同[②],我们认为专利数量并不单纯是研发成果,专利是人们实现特定经济利益的一种新手段,它与研发活动可能相关,也有可能

---

① 例如,本田以"来宝"侵害 CR-V 外观设计专利权为由,向北京市高院起诉了石家庄双环汽车股份有限公司。早在 2003 年下半年,双环的 SRV 在广州上市,因为外形上与 CR-V 一模一样,但价格才 9 万元钱,市场一下子就火爆了起来。可本田公司在 2003 年下半年至 2004 年年初对这款车的反应并不算激烈,只是这款车经过低价仿制火爆起来之后,才开始较真起来。这个案例可以从另一个方面表明,本田公司在利用专利武器为自己的产品大打广告牌的良苦用心。

② 一般认为专利数量虽然不是研发成果,但是却能够被认为是研发活动的重要技术指标。

无关。所以本书将国外专利数量与国内专利数量作为影响全要素生产率的独立因素。

根据上文的分析,外国在华专利对于全要素生产率的影响是变化的,这就需要构建时变参数来反映其动态性,为此,本书利用状态空间模型构造可变参数模型。状态空间模型的定义为:

测量方程:$y_t = x_t\alpha_t + d_t + u_t$,$u_t \sim N(0, \sigma^2)$

状态方程:$\alpha_t = \varphi\alpha_{t-1} + e_t + \varepsilon_t$,$\varepsilon_t \sim N(0, Q_t)$,$t = 1, 2, \cdots, T$

其中,因变量 y_t 为 $k \times 1$ 维向量,x_t 为解释变量,d_t 表示 $K \times 1$ 维向量。这里假定可变参数服从一阶马尔科夫过程,u_t、ε_t 是随机扰动项,相互独立且服从均值为 0,方程分别为 σ_2 和协方差为 Q 的正态分布。状态空间模型是在分析经济现象随时间变化的规律中除了包含可观测变量外,还加入了不可观察的变量的模型,这些不可观察的变量统称为状态变量。状态向量主要包括不确定因素和预期因素,它可以分析状态的动态变化性,还可以验证所选状态是否反映观测变量的真实情况。

测量方程: $TFP_t = C + \alpha_t FPA_t + d_t PA_t + u_t$,$u_t \sim N(0, \sigma^2)$

状态方程:

$\alpha_t = \varphi\alpha_{t-1} + e_t + \varepsilon_t$,$\varepsilon_t \sim N(0, Q_t)$,$t = 1, 2, \cdots, T$

$d_t = \beta d_{t-1} + \phi_t + \varepsilon_t$,$\varepsilon_t \sim N(0, Q_t)$,$t = 1, 2, \cdots, T$

上式中,FPA 是外国在华专利的申请数量,PA 是本国企业的申请数量,TFP 是全要素生产率。同样我们也可以将专利的申请量替换成专利的授权量,再建立另外一个模型。一阶马尔科夫过程满足 $\beta = \phi = 1$。

6.3.2 变量与数据

全要素生产率的数据上文已经测度,外国在华专利申请量与授权量、本国企业专利的申请量和授权量的数据来自中国国家知识产权局专利年报。数据采集具体如下表 6-3 所示:

表 6-3 外国在华专利的数据采集

年度	全要素生产率	外国在华发明专利申请	本国企业发明专利申请	外国在华发明专利授权	本国企业专利发明授权
1985	1.07	4493	4065	2	38
1986	1.11	4515	3494	4	52
1987	1.12	4084	3975	111	311
1988	1.14	4872	4780	408	617
1989	1.07	4910	4749	1220	1083
1990	1.02	4305	5832	2689	1149
1991	1.06	4051	7372	2811	1311
1992	1.16	4387	10022	2580	1386
1993	1.17	7534	12084	3922	2634
1994	1.30	7829	11238	2207	1676
1995	1.35	11565	10071	1847	1546
1996	1.42	16982	11535	1581	1395
1997	1.47	20953	12713	1962	1532
1998	1.53	22234	12660	3078	1574
1999	1.58	21096	15596	4540	3097
2000	1.68	26401	25346	6506	6177
2001	1.74	33166	30038	10901	5395
2002	1.85	40426	39806	15605	5868
2003	1.96	48549	56769	25750	11404
2004	2.03	64347	65786	31119	18241
2005	2.09	79842	93485	32600	20705
2006	2.18	88172	122318	32709	25077
2007	2.29	92101	153060	36003	31945
2008	2.33	95259	194579	47116	46590
2009	2.40	85477	229096	63098	65391
2010	2.55	98111	293066	55343	79767
2011	2.65	110583	415829	59766	112347
2012	2.74				

6.3.3 结果分析

为了避免伪回归，对于非平稳时间序列，状态空间模型要求变量之间存在协整关系。为此，在建立状态空间模型前，采用 ADF 与 PP 的方法分别对序列进行单位根检验，检验结果见表 6-4。

表 6-4 单位根检验表

变量	ADF	置信概率	PP	置信概率	检验结果
TFP	-1.79	0.68	-1.83	0.65	不平稳
△TFP	-4.35	0.01	-4.36	0.01	平稳
lnPA	-2.95	0.16	-3.72	0.04	不平稳
△lnPA	-3.62	0.05	-5.32	0.00	平稳
lnPG	-7.25	0.01	-3.03	0.14	不平稳
△lnPG	-4.10	0.02	-3.62	0.05	平稳
lnFPA	-2.14	0.50	-2.34	0.40	不平稳
△lnFPA	-3.76	0.03	-3.76	0.04	平稳
lnFPG	-2.74	0.10	-6.28	0.08	不平稳
△lnFPG	-8.75	0.00	-8.31	0.00	平稳

上表的结果表明，在 10% 的显著性水平下，各序列的 ADF 检验值均大于临界值，为非平稳变量，但其一阶差分序列的 ADF 检验值均小于临界值，因此，检验变量均为一阶单整序列，具备协整关系检验的条件。本书采用基于回归系数 Johansen 协整检验的方法检验变量间的协整关系。检验过程中，选择观测序列有线性确定性趋势，并且协整方程仅有截距。

根据表 6-5 可知，迹检验和最大特征根值检验给出了相同的检验结果，在 5% 显著性水平下拒绝没有协整关系的零假设，故可以认为变量之间有且仅有一个协整关系。这表明中国全要素生产率与外国在华专利的申请数量之间存在着一个长期稳定的均衡关系，上述结果表明中国全要素生产率与外国在华专利的授权数量之间存在着一个长期稳定的均衡关系。因此，建立的状态空间模型不会出现伪回归现象。

表6-5 各个变量的Johansen协整检验

检验变量	H_0	迹统计量	临界值水平	置信概率	H_0	λ最大值	临界值	置信概率
TPF、lnPA、lnFPA	None*	36.66	29.79	0.01	None*	21.14	21.13	0.05
	At most 1	14.51	15.49	0.06	At most 1*	14.51	14.26	0.05
	At most 2	0.01	3.84	0.93	At most 2	0.01	3.84	0.93
TPF、lnPG、lnFPG	None*	35.38	29.79	0.01	None*	22.56	21.13	0.03
	At most 1	12.80	15.49	0.12	At most 1*	11.74	14.26	0.08
	At most 2	3.05	3.84	0.08	At most 2	3.05	3.84	0.08

注：1. 临界值来自Johansen和Nielsen（1993）；
2. *表明在5%显著水平下拒绝H_0假设；
3. 滞后期根据AIC准则确定；
4. 协整检验的方程中包括常数项，也包含时间趋势。

接下来，我们采取状态空间模型进行估计。利用卡尔曼滤波算法估计式的模型，经过反复试算，得到状态空间模型估计结果。

测量方程：$TFP = 0.63 + sv1 \cdot \ln FPA + sv2 \cdot PA + [var = \exp(-76.83)]$

状态方程：$sv1 = -0.007 + sv1(-1) + [var = \exp(-10.79)]$

$sv2 = 0.011 + sv2(-1) + [var = \exp(-477.61)]$

极大似然统计量为24.18，$AIC = -1.34$，参数估计的p值全部都小于0.1，其中状态方程的参数小于0.05，这说明测量方程中的状态变量是显著的。时变参数的走势如图6-2所示：

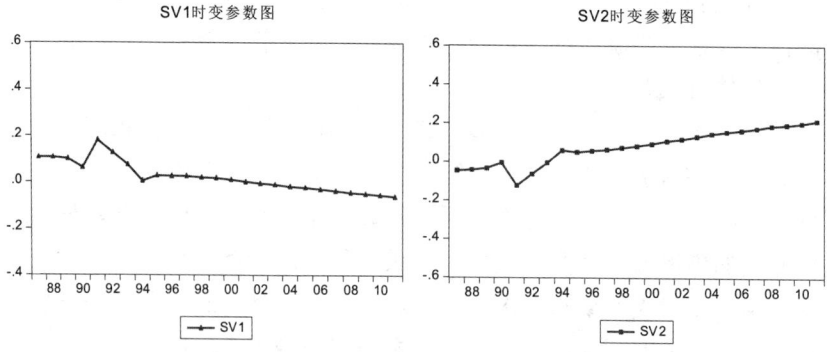

图6-2 国内国外发明专利申请量的时变参数走势图

第6章 外国在华专利与中国技术进步

从上图可以清晰看出，外国在华发明专利的申请量对中国全要素生产率的影响是由正向逐步减弱的，直到1992年以后开始负向影响中国的技术进步。同时可以看出中国本国企业的发明专利申请量对中国全要素生产率逐步加强。发明专利的申请数量产生负面影响是不太容易让人接受的，因为申请专利并没有得到严格的法律保护，同时又会将技术信息暴露出来。我们认为，源于中国专利制度是先申请授予原则，外国在华申请专利可能会导致中国在技术发展路径上受阻，因为它们意识到使用这些技术迟早会面临外国企业的诉讼。从图形中可以观察到，相比发明专利授权量，发明专利申请数量对全要素生产率的影响相对较弱。

上面是专利申请量对技术进步的影响，接下来我们对专利的授权量对全要素生产率的影响进行进一步的检验。

测量方程：$TFP = -0.29 + sv3 \cdot \ln FPG + sv4 \cdot PG + [var = \exp(-7.2)]$

状态方程：$sv3 = -0.012 + sv3(-1) + [var = \exp(-11.89)]$

$sv4 = 0.014 + sv4(-1) + [var = \exp(-1423.4)]$

极大似然统计量为24.68，$AIC = -1.38$，参数估计的 p 值全部都小于 0.1，其中状态方程的参数小于 0.05，这说明测量方程中的状态变量是显著的。时变参数的走势如图6-3所示：

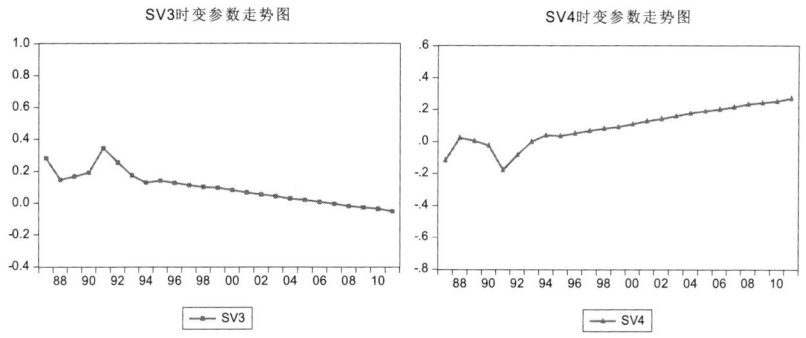

图6-3　国内国外发明专利授权量的时变参数走势图

从图6-3可以看出，大概在1996年左右，外国在华的发明专利授权量对全要素生产率的影响由正值转变成为负值。但是，早在1992

年左右，中国本国发明专利的授权量对全要素生产率的影响就已经由负值转变成为正值。中国授权专利导致技术具有一定的独家使用权，在中国专利制度建立的早期可能对技术发展起到一定的负面影响。

通过上面的分析我们可以看出：跨国公司开始频繁使用专利这个利器，通过设置专利壁垒，阻碍国内企业尤其是高科技企业的发展。在跨国公司眼中，专利不仅是保护自己独有技术垄断的工具，在某些方面早已成为进攻对手的"大规模杀伤性"武器；对中国高科技企业来讲，知识产权危机正在步步逼近我们的高科技产业，知识产权所造成的技术损害已经成为影响企业发展、产业安全的重要因素，这种危害有时甚至是致命的。

中国的专利制度奖励逆向工程和模仿创新的企业，而惩罚最初的发明者。所以外国专利越来越倾向于技术封锁与阻碍，抢占市场以获取租金。而中国的专利法执行，也开始歧视外国专利的申请。中国歧视外国专利的做法通常是外国申请人通过更长的未决期间。中国对外国专利的质量要求也高于本国企业，在诉讼期间，外国专利的胜诉率也低于本国专利。对于外国专利的歧视，在一定程度上保护了本国企业创新的市场空间。但是，对于外国在华专利光靠歧视政策来处理是不够的，更重要的是国内企业也应该审时度势，制定出科学合理的专利战略。

第7章
案例分析：专利制度与电子行业进步

在产业异质性视角下的检验中得知，对于不同行业，专利制度发挥的功能存在一定的差异。因此，政策设计者有必要关注专利制度针对特定行业的有效性。考虑到电子信息行业是专利活动最活跃的行业，同时也是专利发挥功能最复杂的行业，本书选取中国的电子信息行业进行案例分析，分析中国专利制度在电子信息行业的有效性问题。

7.1 电子行业专利活动概况

7.1.1 中国电子行业发明专利授权

电子行业[①]的发明专利占所有发明专利的三分之一，且数量稳定增长。根据专利统计年报，在2001—2002年，中国国内电子行业专利

---

① 电子信息行业包括测量测试类、计算机软硬件类、基本电气元件类、电子通信类共四大领域。

授权量年均增长36.3%，但是2003年增速陡然变为168%，2004年仍保持了114%的较大增幅。①2005—2009年，电子行业发明专利的授权量年平均增长率达到61.5%②，基本保持大幅增长态势。当然，中国的电子行业专利申请不拘泥于国内市场，同时还拓展到了海外市场，主要渠道是通过PCT专利合作条约进行申请。在2007年和2008年，中国提交PCT申请最多的企业集中分布在通信设备、计算机及其他电子设备制造业。2009年，在全球通信领域公布的PCT申请中，中国占比20%。③从专利的数量就可以看出，中国企业在电子信息领域已经在全球建立起了一定的竞争优势。

7.1.2 跨国公司电子行业的专利活动

在中国企业取得成就的同时，跨国公司也不甘寂寞。在专利活动方面，跨国公司来华申请并获得授权的发明专利中，数量巨大而且集中，对国内本土企业造成了巨大的压力。跨国公司中40%的专利集中在前十名企业，前二十名企业则占据总量的比重超过了50%。中国国内企业与这些跨国巨头在国内的市场上进行了激烈的较量：通过专利占领市场、通过专利制定标准、通过专利控制产业链的高端等现象屡见不鲜。

---

① 2001—2004年间，测量测试类发明专利的授权数量一直呈缓慢增长态势，到2004年实现了57%的较大增幅；基本电气元件类发明专利与计算机软硬件发明专利，自2003年起大幅增长；电子通信类发明专利的增长趋势类似，2004年的授权量与2003年比较都有了巨幅增长。

② 2005—2009年间，测量测试类发明专利授权量年平均增长率超过57.3%，超过2008年增长率7.9个百分点；基本电气元件类发明专利授权量保持较快的年均增长速度；计算机软硬件类发明专利的授权量年均增长速度是唯一出现下跌的技术类型；电子通信领域在2008年实现了127%的增长，是目前中国技术创新最为活跃的领域，是唯一超过电子类发明专利总量年均增长率的产品类别领域。

③ 这些数据来源于国家知识产权战略网《入世十年我国重点产业知识产权发展情况——电子信息》。

第7章 案例分析：专利制度与电子行业进步

表7-1比较了该领域专利授权量排名前十的国内专利权人和国外专利权人，从相关数据可以看到，国内企业获得授权的专利数量与国外大型企业在华专利数量相比还存在较大的差距。从1985年至2008年，国内获得千件以上发明专利授权的单位仅四家，而国外拥有千件以上的有二十余家。而国内排名前十的专利权人，除了华为、中兴和联想三家企业外，另有三家是高校，还有四家是中国台湾企业。如果不仅仅考虑中国境内，而是考虑全球范围内的专利配置，则会发现国内外存在的差距更大。

表 7-1　电子信息行业发明专利排名前十的专利权人

国内		国外		
单位名称	授权量	企业名称	国别	授权量
华为技术有限公司	5669	三星电子株式会社	韩国	6208
中兴通讯股份有限公司	1296	松下电器产业株式会社	日本	6005
清华大学	1206	索尼公司	日本	4129
友达光电股份有限公司	1077	国际商业机器公司	美国	3461
浙江大学	821	皇家菲利浦电子有限公司	荷兰	3282
威盛电子股份有限公司	797	佳能株式会社	日本	3207
上海交通大学	767	日本电气株式会社	日本	2675
联想（北京）有限公司	654	精工爱普生株式会社	日本	2667
英业达股份有限公司	630	株式会社东芝	日本	2310
旺宏电子股份有限公司	626	夏普株式会社	日本	1940

注：数据为2003—2008时间段内企业的专利总和，数据来源于中国专利统计简报。

此外，跨国公司的专利优势不仅是单纯在数量层面的，在专利功能运用的层面也是相当成熟的。在电子信息行业，跨国企业在全球范围内开展了专利战与专利合作。比如,在软件领域,比尔·盖茨资助微软的离职高管创办了全球最大的两个"专利怪物"①企业,在市场上广泛地开展专利的侵袭与骚扰。在智能手机领域,近两年,苹果公司、微软、诺基亚、宏达等多家企业就智能手机专利陷入连环诉讼,起因是专利权人希望获得智能手机收入中更大的份额②。在电子商务网站领域,图形处理器技术爆发专利反击战,由此看出专利技术成为市场竞争的热点。而令人惊奇的是,企业也不乏利用专利进行合作的例子。例如,LED③专利授权的合作就已渐成趋势。全球的 LED 关键专利技术已被飞利浦、欧司朗、日亚化、丰田合成及 Cree 五大厂商通过相互授权。目前,LED 产业的国际专利争议,正从过去的相互竞争的模式转变为相互合作的模式。

7.2 研究设计与分析

由于通过网络查找获取的资料有限,无法获得详实的电子信息行业企业层面的相关信息,因此,本章节就采取调查法进行研究。调查法是社会学家和社会心理学在社会结构与社会行为研究中常用的收集—分析资料的方法。它是通过事先拟定的一系列问题,针对某些心理品质及其他相关因素,收集相关信息,并加以分析的一种研究方法。调查法一般分为访谈调查法和问卷调查法。我们兼采用这两种方法进行研究。而研究的核心任务是调查出中国专利制度下国内企业与在华外资企业的专利行为,以及这些专利行为对中国电子信息行业的技术进步产生了何种影响。

---

① 英文原词为"patenttroll",是指专门申请纸面专利或沉睡的专利,并不打算开发这些专利的公司。
② 2009 年,专利收入占智能手机总收入的 27%,总共 61 亿美元,而 2010 年这一比例继续扩大。
③ LED 是指发光二极管,上游主要是 LED 灯珠内部的晶元研发生产与 LED 灯珠的封装,这是核心;下游主要是 LED 的应用领域,包括:大功率 LED 照明;装饰灯;舞台灯;彩色灯带;显示屏背投等;汽车灯。

第7章 案例分析：专利制度与电子行业进步

7.2.1 调查问卷设计

按照"制度安排—行为动机—经济绩效"的思路来评定电子信息行业专利制度的有效性，我们将调查问卷分为两个部分，第一个部分是企业专利申请机的测量题项；第二个部分是企业对专利制度的适应性测量题项。

第一，对电子信息行业的专利申请动机进行开放式问卷调查，了解企业的专利申请动机，然后基于相关理论予以理论解析。本书借鉴 Blind 等（2006）和 Cohen 等（2002）学者研究中的测量题项，经仔细斟酌题项，形成了本研究专利申请动机的初始测量题项（见表7-2）。设计调研问卷研究采用 Likerts 级量表形式，将每个题项的评分等级分为 5 等，即完全不符合、不符合、一般、符合和完全符合，赋予每个评分等级相应分值 1～5 分。被调查者在阅读每个题项的描述之后根据自己对所在企业的认知进行判断，并在每个题项上标记出相应的分值，形成了本研究的调研问卷（附录5）。

表 7-2 专利申请动机的测量题项

申请动机	代码	具体目标	理论来源
市场保护动机	1	保护自己的技术创新成果不被模仿	Arundel 等（1995），Cohen 等（2002）
	2	保护创新产品或新工艺的国内市场份额	牟莉莉（2011）
	3	获得 PCT 专利，保护国外市场	Blind 等（2006）
政策获取动机	4	提高自己的企业声誉	Sehalk 等（1997），Cohen 等
	5	提高企业的技术形象	Sehalk 等（1997），Cohen 等（2002）
	6	以便适用政府的优惠支持政策	牟莉莉（2011）
	7	得到风险投资或外部资本的支持	OECD（2001），Blind 等（2006）

续表

申请动机	代码	具体目标	理论来源
技术交易动机	8	可以对外许可专利技术，获得许可收入	Arundel 等（1995）
	9	出售专利技术，获得技术研发的利润	Arundel 等（1995），Cohen 等（2002），Blind 等（2006）
	10	获得与其他企业进行合作的筹码，提高谈判地位	Duguetand, Kabla（1998），Pitkethly（2001）
	11	激励企业的内部研发	Sehalk 等（1997），Blind 等（2006）
竞争优势打造	12	形成保护核心技术的专利围墙，而不是将其商业化	Cohen 等（2002）
	13	阻挡竞争对手申请替代专利或相关专利	Sehalk 等（1997），Cohen 等（2002）
	14	避免专利侵权诉讼	Cohen 等（2002）
	15	使自己的专利成为标准	Blind 等（2006）
	16	控制竞争对手需要的技术，限制其竞争优势	Pitkethly（2001），Blind 等（2006）

第二，我们自己设计出企业对专利制度的意见调查表，围绕着专利制度的各个环节或者说是专利制度的各个政策工具，企业根据自身的情况，对这些环节进行评价，并且指出专利制度体系哪些地方影响了自己的现实利益，以及这些环节应该如何改善。如此，形成我们的专利制度适应性的测量题项（见表7-3）。同样，我们把受影响的程度分为5个等级，赋予每个等级分值1~5分，形成了此项调查问卷（附录6）。

第7章 案例分析：专利制度与电子行业进步

表 7-3 专利制度适应性的测量题项

代码	专利制度体系的各个环节	企业的评价	企业受影响的程度
1	发明专利的申请标准	提高还是降低	重大
2	实用新型的申请标准	提高还是降低	
3	行政执法	加强还是减弱	
4	法院起诉	方便与否	
5	专利的审查期限	时间是长是短	较为重大
6	审查过程	严格还是松散	
7	发明专利的保护范围	扩大还是缩小	
8	实用新型的保护范围	扩大还是缩小	
9	发明专利的保护期限	延长还是缩短	一般
10	实用新型的保护期限	延长还是缩短	
11	发明专利强制许可制度	是否合适	
12	实用新型的强制许可制度	是否合适	
13	专利授予原则	先申请还是先发明	轻微
14	发明专利披露规定	披露是多还是少	
15	实用新型披露规定	披露是多还是少	
16	专利费用	高还是低	基本无影响
17	专利制度的法庭审判	是否公平	

本书的定性探测研究通过多种方式展开。

首先，结合文献回顾内容，主要以开放式问卷的形式了解电子信息企业积极申请专利的目的，之所以采用开放式问卷调查方式，是因为这样可以让被调查者在不受限制的条件下，真实完整地填答有关企业专利申请动机的相关信息，再由笔者对这些信息加以归类和整理，进而产生和确定本研究的测量题项，这样通过对数据的提供者和编码者进行有效的分离，可以增加研究的信度。

其次，对两家电子信息企业的技术部门负责人进行深度访谈。通常，前期的定性研究是通过这种个人的深度访谈进行的，访谈终止的原则是饱和原则,即在访谈中能够没有新的内容出现就停止访谈,本着该原则,又对两家电子信息企业的研发部门经理做了深度访谈,其中一位被访者的回答没有超越开放式问卷回答内容的范围,而另一位被访者由于其所在企业研发实力雄厚,拥有的专利数量多且质量高,对专利战略运用的意识和能力较强,因而在访谈中又提出了新的动机内容,对开放式问卷结果进行了补充。

最后,笔者在对定性的问卷进行分析整理,之后对企业进行访谈,这些环节完成之后,再进一步利用专利检索网站、企业官网,以及一些上市公司披露的信息和数据,对调研问卷和访谈内容进行核实。

7.2.2 统计分析

调研问卷的样本数据来源于天津市的 32 家电子信息企业,为了尽量保证采集信息的准确性,本研究根据高技术企业规模大小和技术研发实力强弱,按照每家企业发放 2~4 份问卷的标准,共发放问卷 80 份,回收 61 份,其中信息缺失和无效问卷 8 份,有效问卷共 53 份,有效问卷回收率为 73.5%,满足小样本测试对问卷信度和效度的测量要求,问卷回答者中,90%以上都是企业研发部门、知识产权法务部门或者行政部门经理及高层管理者,预试样本的基本统计情况如表 7-4 所示。

表 7-4 申请动机调查结果

申请动机	代码	具体目标	得分	得分占比(%)
市场保护动机	1	保护自己的创新成果不被模仿	243	91%
	2	保护创新产品或工艺的市场份额	186	70%
	3	获得 PCT 专利,保护国外市场	123	46%
政策获取动机	4	提高自己的企业声誉	184	69%
	5	提高企业的技术形象	165	62%
	6	以便适用政府的优惠支持政策	202	76%
	7	得到风险投资或外部资本的支持	115	43%

第7章 案例分析：专利制度与电子行业进步

续表

申请动机	代码	具体目标	得分	得分占比（%）
技术交易动机	8	对外许可专利技术，获得许可收入	127	48%
	9	出售专利技术，获得R&D的利润	114	43%
	10	获得与其他企业进行合作的筹码，提高谈判地位	95	36%
	11	激励企业的内部研发	83	31%
竞争优势打造	12	形成保护核心技术的专利围墙，而不是将其商业化	98	37%
	13	阻挡竞争对手申请替代或相关专利	75	28%
	14	避免专利侵权诉讼	125	47%
	15	使自己的专利成为标准	86	32%
	16	控制竞争对手需要的技术，限制其竞争优势	115	43%

我们对每一个测量题项的得分加总，然后再求出得分占总分的比重。共53份有效问卷，每一份最大分值为5分，总分共计265分。可以从调查的结果得出如下结论，首先，在电子信息行业内，每一个企业都承认自己的申请专利是为了保护自己的创新成果不被模仿；其次，企业也承认了自己在政策获取方面的动机；再次，在技术交易大项中，当前中国企业在这方面的活动较为平淡；最后，调查显示企业为提高自己竞争优势的选项中，得分相对一般。

从上述调查中，我们可以推断出，电子信息行业的企业专利策略还没有转变，主要依赖传统的保护知识资本和获取国家的政策支持，如何利用专利打造竞争优势以及如何主动地利用专利制度进行广泛的技术交流，中国企业还很欠缺这些现代专利制度战略意识。

对于专利的各个政策变量，企业因各自的需求不同，会出现截然相反的态度。我们将选择强化与选择弱化两种态度分开。另外，我们也进一步计算专利制度对企业影响的程度，如表7-5所示。计算出强化得分与弱化得分，即将每个企业评定的程度加总。专利制度企业适应性调查的结果显示，电子信息行业的企业认为发明专利的申请标准偏低，可能是受到了竞争企业的专利阻碍。有意思的是，大多数电子信息企业却认为实用新型专利申请标准偏高，申请实用新型的企业可能创新能力相对较弱，申请专利更倾向于政策获取的动机。

表7-5 专利制度体系效果调查结果

代码	专利制度的各个环节	选择强化问卷数量	选择减弱问卷数量	强化得分（+）	减弱得分（-）
1	发明专利的申请标准	34	19	108	66
2	实用新型的申请标准	15	38	47	124
3	行政执法	34	19	102	43
4	法院起诉	35	18	105	59
5	专利的审查期限	37	16	118	53
6	审查过程	32	21	104	47
7	发明专利的保护范围	33	20	89	84
8	实用新型的保护范围	33	20	91	81
9	发明专利的保护期限	26	27	72	74
10	实用新型的保护期限	30	23	87	63
11	发明专利强制许可制度	25	28	58	63
12	实用新型的强制许可制度	29	24	60	66
13	专利授予原则	23	30	77	99
14	发明专利披露规定	14	39	30	127
15	实用新型披露规定	18	35	36	132
16	专利费用	47	6	192	21
17	专利制度的法庭审判	40	13	135	43

非常明确的一点是，众多电子信息企业都认为中国专利制度的效率很低下，主要表现为专利费用过高、专利审查时间过长、专利执法不严与诉讼不公平等。另外，对于专利的披露规定，大多数企业的意愿是选择进一步减少披露，说明了专利技术提供的有价值的技术知识有限，或者企业可以轻而易举地破译这些技术，这说明了电子信息行业的技术已经不再是令竞争对手难以破译和掌握的技术。电子信息行业争先恐后地申请专利，主要是为了在技术领域划分势力范围。

7.2.3 访谈结论

大量的研究表明，测试类，计算机软、硬件类，基本电气元件类，电子通信类等电子通信行业历史上拥有较弱的专利保护，这种弱的专利保护促进了这一领域的创新。理论分析指出，电子信息行业的创新是具有累积性的和互补性的，如果赋予强专利保护的话，不但会影响到行业的竞争，同时也不利于技术的持续进步。

然而，我们的调查研究却发现：最近专利制度扮演的角色似乎发生了转变，人们在利用专利不断地构筑竞争优势，同时又以专利为合作手段汲取最新的技术。在这种背景下，又需要一个强有力的专利制度进行保障。电子行业中应用专利制度已经成为了潮流，企业似乎对专利制度的负面影响产生了免疫，这样使得专利制度的有效性得以大幅度提升。访谈中，我们了解到，如果一个企业被竞争对手用专利进行了技术封锁，那么它可以采取一种独特的交叉许可的模式，突破对手的封锁。这些许可证覆盖了整个技术组合相关的专利，而不是单个的发明，其中许多的专利涉及未来的技术布局。

电子信息行业领域的调查研究结果显示，专利保护的激励作用与限制访问的基本问题被掩盖，现代商业环境中，探讨更多的是专利的策略性使用的问题。专利制度的加强与电子信息行业的技术特点，导致技术模仿策略的失败。人们更多是去讨论如何通过购买专利和技术许可来实现技术交流，如果面对的是恶性的技术封锁，又如何通过交叉许可突破这种困局。与此同时，专利也充当了人们进行技术合作的桥梁与媒介。

7.3 个案分析：华为技术

华为技术有限公司成立于 1987 年，总部位于中国的深圳，总资产超过 2000 亿人民币，主营业务包括：通信设备、智能手机，同时也提供信息与通信业务的专业服务。目前，华为公司已经成为了这些领域的巨无霸，它的产品和解决方案遍及了全球 140 多个国家，服务全世界 1/3 的人口。华为的创新能力是国际一流的，研发投入非常之巨大。2011 年，该公司研发投入达 237 亿元，占全年销售收入的 11.6%。该公司共拥有来自 156 个国家和地区的超过 15 万名员工，其中研发人员占总员工人数的 45.36%。在专利的申请与授权方面，华为技术公司数年蝉联国内第一。据统计，华为公司累计申请专利达到 40148 件，其中中国专利累计申请 31869 件，获得授权 14705 件；国外申请累计 8279 件，获得授权 3060 件，并且 85%的外国授权专利是在欧美国家获得的。

7.3.1 专利许可与后发追赶

当华为刚刚进入移动通信领域的时候，发达国家的企业在这个领域里已经持续积累了数十年，要想实现赶超，消除巨大的技术差距，在短期内显然是不可能做到的。试想一下，如果华为从头做起，依靠自己的力量搞重复研究，不仅成本代价高昂，同时市场的机会窗口也错过了。

华为并没有闭门造车，刻意追求自主创新，而是在学习西方公司产品的基础上推出改良的产品。华为之所以选择从全球移动通信系统产品开始做起，就是因为当时该技术已经比较成熟，有现成的产业链资源可以直接利用。同时，华为也在寻找商机，经过细致地分析客户的需求，推出了分布式基站等小创新产品，获得了成功。由此可以看出，华为公司的创新观念是在继承前人创新成果的基础上进行持续再创新。

早在 2000 年前后，华为就意识到获得业界领先公司的专利技术许可的重要性，在业界还不太了解华为是谁的时候，华为就主动到爱立信、诺基亚、高通等公司的总部寻求专利技术许可，那时华为在无线领域的专利积累一片空白，只能签署几份单向付费的专利协议，向这几家公司交钱以换取其专利技术、芯片平台的合法使用权,之后基于中国企业特有的勤奋和成本优势,短短三四年时间,华为就把第三代无线通信技术基站产品卖到了荷兰。

2006年,华为开始进入移动通信终端产业,在已有能力自主研发核心芯片的情况下,仍然坚定地采用高通公司的芯片,推出世界上第一款即插即用的USB无线数据卡,这个正确的决策充分调动了产业链上的伙伴资源,厂家间的合作互动加速了整个产业链的技术改良,产品成本也迅速降低,从而引爆了欧洲的移动宽带市场,USB数据卡产品从2006年150万片的市场规模迅速发展到2011年5000万片左右的规模,华为也因此成为移动宽带数据卡产品的第一品牌,实现了在移动通信领域从追赶到反超,从学习到领先的梦想。到2010年,华为的整体业务规模已经在电信业排到全球第二,超越了诺基亚、西门子、阿尔卡特、朗讯、摩托罗拉等著名西方企业。

华为的经验表明,中国企业想要走向国际市场,在激烈的市场竞争中占得先机,只有充分、广泛地采用他人已经聚集下来的具有竞争力的技术财富,整合产业链里各个合作伙伴的优势,才能以最小的研发成本、最快的时间推出性能质量领先的产品,从而赢得全球市场。在这个过程中,专利制度起到了桥梁和媒介的作用。

7.3.2 专利战与竞争

专利带来的不仅是急需的技术,同时也会带来对其他竞争对手的攻击。2003年,华为的竞争对手思科系统公司,在美国对华为发起专利诉讼,指控华为在多个领域侵犯其知识产权。这场诉讼持续了长达1年半的时间,华为由于缺乏"斗争经验",初尝败绩。政府、媒体以及美国的司法系统,似乎认定华为就是通过窃取技术取得的成功。为了提升企业形象,华为通过与3com合作销售产品;并且在美国主流媒体上发出自己的声音,对美国司法系统与政府部门进行公关,这才逐渐扭转了诉讼局势,然而,华为的新产品进入美国市场的时机一度被耽误了。在电信行业,专利诉讼经常被当作争夺市场时打压对手的手段来使用。

在经历了一系列专利诉讼的事件之后,如今的华为已经通晓发达国家的企业利用专利制度规则,在诺西的收购案中,华为大获全胜,成功地阻止了诺西收购摩托罗拉的通信部门。摩托罗拉和华为此前的一系列专利纠纷起于 2010 年 7 月,诺西公司对摩托罗拉无线网络业务的并购计划,诺西公司宣布出资 12 亿美元,在竞标中击败华为。此收购一旦完成,诺西公司将会成功赶超华为。华为自然不会坐视诺西收购摩托罗拉,因为此后对自身造成的威胁实在太大了。华为手中有专利的利器,从 2000 年开始华为就为摩托罗拉代工无线网络设备,摩托罗拉的无线网络产品中使用了大量的华为的专利技术,诺西的收购必然导致华为的这些专利技术权益受到侵犯。基于这种考虑,华为在 2011 年 1 月向美国法院提起诉讼,要求阻止诺西公司对摩托罗拉的收购。

在 2011 年,美国地方法院初步裁定华为在诉摩托罗拉案中获胜,禁止摩托罗拉向诺西转移任何华为的专利技术。最后,摩托罗拉和诺西不得不主动寻求与华为和解,最后三方达成协议,摩托罗拉在向华为支付了大笔的专利费后,才将华为的专利技术转移给诺西。

华为不仅在海外通过专利制度维护自身的权益,同时在国内也小试牛刀,国内两大电信巨头华为和中兴也爆发了专利战。在 2011 年,华为起诉中兴侵犯了华为的数据卡和第四代移动通信系统专利,此外,中兴还涉嫌侵犯华为的商标权。而德国法院也批准了华为的请求,向中兴发布了临时禁令。4 月 29 日,中兴通信也在世界多国发起对华为反诉,指控华为侵犯其若干重要专利。国内企业如此恶劣的"互掐"是否有必要,是值得中国政府关注的。

7.3.3 专利合作与交叉许可

当然,华为也不单纯地将专利作为竞争战略的重要武器,同时,华为也常常利用专利和其他企业进行技术合作。比如,诺基亚公司与华为,双方相互授权使用与第三代无线通信技术有关的专利,双方签

第7章 案例分析：专利制度与电子行业进步

署协议，确保两家公司都能够以极具竞争力的专利费价格使用另一公司的专利。这使得双方的技术互补，获取了极大的竞争优势，实现了互利共赢。这种专利相互授权以及进入全球市场的模式值得国内其他企业借鉴。中国企业运用自己的专利以低成本的代价，逼迫其他竞争对手已经达成交叉许可，不仅能够赢得市场的生存空间，而且能够破图跨国企业的专利封锁，从而逐步建立起国际竞争力。

在电子行业中，后发追赶中的专利许可、技术竞争的专利战，以及技术合作中的专利交叉许可，这些现象在市场中屡见不鲜。华为的案例分析告诉我们，专利制度在我国企业发展中扮演着不可替代的角色。但是，调查研究显示，中国的专利制度在支持企业的专利策略方面还存在着不足，主要体现就是中国的专利申请标准较低，导致了大量垃圾专利的存在，同时中国专利制度在保护程度与执法程度上还远远不足，致使企业不能够很好地利用专利这一有力武器，同时电子行业的专利设计需要考虑限制访问给技术发展带来的负面效应。

第 8 章
结论与政策建议

本书对中国的专利制度与技术进步的关系进行了理论分析和经验验证。文章肯定了专利制度在技术发展中的作用，探究了中国专利制度在后发追赶中的作用机制与内在机理，并且针对当前的基本条件和经济形势，提出了当前中国专利制度一系列的政策问题，对中国专利制度的改革进行了前瞻指引。

8.1 研究的主要结论

8.1.1 专利制度有效性的理论结论

最优专利制度理论认为，专利制度的有效性取决于专利保护的激励效应和垄断带来的社会福利影响的相对大小。本书认为这种认知是片面的，笔者从更广阔的视角揭示了关于专利制度功能和绩效的讨论。

根据专利制度的多种功能，将现有的观点归纳为"有益论""有害论"与"无用论"。认为导致专利制度有效性讨论的根本原因在于，其内在固有的矛盾与外在的经济环境的相互作用。专利制度本身内在的矛盾是指专利制度的功能不一而足，人们利用专利的动机复杂多样，

第8章 结论与政策建议

政策制定者往往顾此失彼；而经济环境是指一个国家的发展水平、开放程度、行业特征、竞争程度和科技政策等。为了使得专利制度积极有效，专利制度的设计就必须与相应的经济环境与自身的创新能力相适应，这对于发展中国家来讲尤为重要。

就广义的专利制度政策而言，中国的专利制度具有低申请标准、狭窄索赔、先申请授权、宽松的执法体系、不充分披露、较高的专利费用等特点。这些政策工具的使用，能够令中国企业可以通过逆向工程、模仿创新等获取技术，并且支持一定的技术交易，同时，中国大学与科研院所的专利申请，使得公共的资源有效配置，产出的专利能够实现知识的共享，这些机制使得专利制度能够有效地促进中国的技术进步。

本书在主观博弈论的框架下，论证了专利制度的功能实现机制。每一种机制作用的发挥，都是通过参与者之间的博弈来实现的，在这种博弈中，专利制度作为一种规则和信念被人们主观认知，对人们的决策行为产生决定性的影响，而且这种认识逐步发生演变，导致博弈的行为不断发生改变。与此同时，外在的环境因素也在不断诱使主观博弈发生变化。

但是，根据中国当前所处的创新环境，中国专利制度已经缺乏了适应性，应该进一步加强以满足中国企业创新的诉求。创新是中国企业战略的基石，当前创新模式逐步走向开放式创新、集成合作创新、柔性化创新，构建创新体系、新技术的崛起以及以互联网为核心的通信技术的普及都要求中国进行专利制度的变革。可是专利制度又是一把"双刃剑"，激励创新的同时又会被企业作为打压竞争对手、阻碍创新的手段，所以应该寻求一个解决问题的方式。

专利制度的精微设计，涉及了行业异质性和外国在华专利两个主题。本书认为，不同行业的专利动机不同，专利制度很难协调和制约这种多样性的专利行为，从理论上讲专利制度对于不同行业应该具备差异性。再有，对于外国在华专利对于中国技术进步的影响，我们发现外国在华专利的申请动机有所转变，外国在华专利从开始的促进技术转移演变到以多种专利战略手段获取竞争优势，进而达到封锁技术和垄断市场的目的。

8.1.2 中国专利制度的有效性经验结论

本书也为中国的专利制度的有效性提供了大量的经验研究。

第一,解释了中国专利暴涨的原因,回归结果显示,中国专利的爆炸式的增长源于企业的政策获取动机,外国企业专利行为的刺激,立法与执法的加强,科技投入的增加与后方追赶过程中的富饶技术机会。因此,中国专利数量的增多并不能完全体现中国创新能力的相对地位。

第二,从整体上测度中国专利制度与中国全要素生产率之间的关系。论述了发明专利申请数量、实用新型专利申请数量、发明专利授权数量、实用新型专利授权数量与全要素生产率TFP几者之间的关系。本书采用时间序列VAR模型,证明我们提出的四个假说,结果表明,在过去的数年中,中国专利制度能够有效地促进中国的技术进步。

第三,根据专利制度的功能在不同行业可能发挥不同作用的想法,文章设计出面板变系数模型,从行业层面测度中国专利制度的有效性,研究专利制度对于每一个行业是否都起到了促进作用。结果显示,统一的专利制度并不能很好地满足各个行业特定的需求,中国专利制度正面的激励作用显著存在,但是专利制度的知识扩散效应在很多行业里却显著为负。

第四,针对外国在华专利,笔者通过观察研究,认为外国在华申请专利的动机发生了改变,这一改变将会导致外国在华专利的经济效果发生逆转,我们划分不同的时间段,采用时变参数的状态空间模型检验外国专利对中国技术进步的影响,发现外国在华专利对于全要素生产率的正面作用效果逐步削弱,随着中国竞争对手的崛起,外国在华专利逐步起到负面的作用。

8.2 改革思路与政策建议

不断变化的创新过程与市场环境要求专利制度不断进行调整,尤其对于发展中国家。发展初期，在技术创新实力不足的情况下，主要依赖模仿技术设计得当的专利制度，有利于技术从发达国家向发展中国家的转移，但是由此所造成的原创型发明的激励不足等问题会制约发展中国家进一步提高自身的创新能力。因此，中国专利制度的调整要适时而动。

笔者认为，中国专利制度改革的思路是：利用专利制度的多个政策变量将倾向于技术扩散机制的专利制度转向倾向于技术创新机制的专利制度；甄别创新型专利制度带来的正面效果与负面效应，配合其他相应的制度与政策，做到趋利避害；专利制度的设计应该进一步精细化与差异化，分别针对不同行业部门，甚至是针对不同类型的发明创新；合理利用外国在华专利，保护外国企业专利权的同时，也必须要求相应的国家对我国企业的正当权益进行对等保护等。

然而，从政策实践的角度来讲，问题却远远要复杂得多，不可能一蹴而就。根据上述改革的思路，笔者也给出如下具体的政策建议。

8.2.1 交易成本与专利保护

在理论分析中我们指出，整体来讲，中国的专利制度是倾向于技术扩散，在发达国家向中国进行技术转让时，降低了技术交易的交易成本，对于技术引进产生了积极的作用。但是，企业利用专利制度仍然存在较为高昂的交易费用。相比外国企业转让给中国原创性的重大技术发明而言，这些交易费用是可以被忍受的。但是，如果相对于价值较小的发明而言，这些交易成本已经构成了技术交易的障碍。中国专利体系的交易费用有待降低，这些具体包括在直接的专利费、专利审查所带来的损失、专利执法不严带来的机会成本与纠缠在专利诉讼的费用等。

第一，专利费较为昂贵。如果相比于发达国家，中国的专利费用是相对较低的[①]，但是如果考虑到中国企业和个人的承受能力，这一

---

① 根据笔者的统计，在中国申请一件发明专利的直接费用大概是6000元人民币，再加上代理费用等各种间接费用，申请一件发明专利的费用超过1万元，而维持专利的费用每年还要支付数千元不等。在美国申请一件发明专利的直接费用大约是6000美元，加上间接费用，总共大约8000美元。

费用又是相对较高的。中国专利收费的机制不完善，各个地方的知识产权局收费价格不一，地方官员则借机敛财，经常存在乱收费的现象，有一些不法机构和个人甚至借此行骗，使得申请专利的中国企业不堪其苦。所以中国国家知识产权局应该规范各个地方知识产权局的收费制度，合理收费，规范收费，减少各种冗余的收费环节，使得中国企业在一个明朗健康的体制下获得知识产权。

第二，专利审批效率低下。现阶段国家知识产权局实质审查效率极低，一项发明专利即便自提出申请之日起即请求公开，也需要近4个月时间才能够公开进入实审阶段，而进入实质审查阶段后获得专利局《审查意见通知书》的时间更是极为漫长，进入实质审查阶段15个月左右才获得国家知识产权局专利局做出的第一次《审查意见通知书》。由于专利申请量的迅猛增长和申请专利技术的日趋复杂，国家知识产权局专利审查资源出现严重短缺，最终导致专利申请大量积压。目前约有数万件专利申请尚未进行初审，而平均一项专利申请的审查时间为1年半，甚至更长。低效的专利审批程序延缓了新技术产业化进程，导致技术日趋贬值，商业化价值最终丧失。随着中国专利保护的主题范围日趋扩大，审查负担加重，审查难度也进一步加大。

第三，专利执法与诉讼的问题突出。中国一直未能充分执行专利法律，地方保护主义是阻碍专利权迅速与完全实施的主要因素；如果说专利保护在中国各个地区存在差异性，那么这种差异也源于地方政府的执法行为。另一方面，随着专利案件的增多，案件复杂性增强，程序法和实体法规定中某些不完善的地方逐步显露出来，中国法官正面对专利诉讼的诸多问题，亟待深入细致研究解决。企业一旦专利权人深陷专利诉讼，将会导致惊人的花费，并且还可能得不到司法的保护。另外，有些侵权者在专利权人向他们提起诉讼后，他们不管有无道理都向专利复审机关提起专利权无效争议，法院的侵权诉讼不得不中止。而专利复审委员会积压案件太多，相当长的时间也不能做出复审结论，法院的侵权诉讼只好一拖再拖。即使专利权复审完成被维持，专利权人可能也已失去了市场。

8.2.2 创新体制与专利保护

中国的创新体制是以政府政策催动为主导,市场功能退居其次。这导致了大量"泡沫专利"的产生。近年来,中国发明专利的申请总量不断增多,发明专利技术成果转化难的问题也越来越突出。

中国的企业已经从政府的公共研发投入中获益,但是这其中也存在着诸多的问题。最大的问题是中国的大学或者研发机构诱发了大量的实际应用价值不高的专利,换句话讲,这些专利的转化效率非常低下。专利只有经历了从授权到应用、产业化等一系列过程的成功,才能称之为"创新"的有效专利。由中国政府主导构建的所谓的"产学研",实际上问题也非常大,这也关系到专利制度的有效性。重大的发明专利有相当数量在大学,但是科技成果转化率不高。

因此,笔者所要阐明的是,中国的科技创新体制必须转变,使得市场发挥基础的决定作用,政府只能在一些特定的关键领域弥补市场失效。中国大量的政策激励必然会造成信息扭曲,这些所谓的新技术不能够适应市场的需求,浪费了大量的资源。专利制度应该作为市场机制发挥作用的桥梁和媒介,承担起激励创新和促进知识扩散的职能,不应该再成为获取政府政策支持的工具。

8.2.3 反垄断与专利保护

如果想要将专利制度转变成为倾向于促进技术创新的制度,那么由此所带来的垄断问题就不能不加以考虑。不难发现,通过专利保护对创新发明授予垄断与反限制竞争之间存在着统一和冲突,两者既相生又相克。激励创新与有效竞争之间也要权衡。

最优专利设计理论也是围绕着处理这样的矛盾而展开的。单纯从抽象的专利长度和专利宽度并不能很好地处理这一问题。专利长度被看作是基本无效的政策工具,而专利宽度也不能很好处理垄断的问题。比如,限制访问基础知识、专利技术标准、专利组合、战略专利造成的技术封锁等都不会因为简单的专利宽度的改变而解决。

反垄断法和专利保护采取的具体方式不同，但两者都应该有利于技术进步。目前所要做的就是识别哪些专利技术构成垄断的危害较大，应该在细微处建立怎样的制度去解决这一问题。因此，政策制定者必须多方面洞察企业申请专利的动机，应该适当地消除这些不利的效应，使得竞争与激励并存。虽然中国的《反垄断法》已经规定了对滥用知识产权排除、限制竞争行为的禁止，但是基本上缺乏实质性的研究，只是流于形式。政府应该考虑制定具体的《知识产权的反垄断法》，将专利问题与反垄断问题结合起来考虑，将其法制化、规范化。

8.2.4　行业差异与专利保护

专利制度改革的方向很可能是针对于不同的行业，甚至是不同的发明类型，推出更具有差异性的保护，。这源于不同的发明对于专利制度的依存程度与利用动机不同，这种差异性的专利保护能够最大限度地使专利制度发挥积极正面的作用。行业的属性不同、发展程度不同，统一的一套专利制度很难适应所有行业的发展进步。

有些产业不需要专利制度，比如模仿成本高的产业，就可以用品牌认知、网络效应等手段实现创新收益的回报；有一些产业对专利制度的依赖程度较高，比如产品更新速度迅疾、缺乏其他有效手段的产业，专利制度应该重点保护；科学成果可以获得学术奖励，或者有强大研究基金赞助支持，专利制度只起到辅助作用；再有，在一些产业，专利制度作为竞争工具打压竞争对手，造成技术发展停滞不前，这些产业应该处理好垄断问题，避免负面效应的产生。

在政策操作层面，不可能设计出多套专利制度以应对不同行业的需求，有学者提出要法院进行职能分区，这目前都是不太能实现的方法。目前可行的方法是，令专利制度具有一定的通用性，能够同时支持较多支柱行业或主导行业的创新发展，同时采取一些辅助性的政策措施，让专利制度不至于危害到其他行业。

8.2.5 本土性创新政策与外国在华专利

对于外国在华专利，研究发现其已经逐步发挥促进和强化竞争的作用，其负面效果逐步显现。当前中国本土企业在同跨国巨头的竞争中还处于弱势，因此必须采取一定的措施保障国内企业的公平竞争和必要的发展空间。中国的《专利法》对外国在华专利合法权益进行保障，但是前提在于不得对中国企业造成巨大的伤害。外国在华专利的权益由国家层面的博弈决定，必须实现中国企业在外国的对等权益，这样才能为中国企业的发展壮大提供更多的国际空间。应对国外在华专利战略的具体措施如下：

第一，政府主导实施专利战略，与相关国家进行谈判对话。政府对于专利问题应该从战略高度审视，因为这不仅涉及国家当前的经济利益，也牵扯到企业的长远发展。政府应该在国际知识产权协调中，据理力争，做到深谋远虑。同时，不断建构保护本国利益的法律基础，长期积累运用专利法取得战略优势的经验和能力。

第二，打击跨国公司的的专利布局。跨国企业由于资金和技术方面的优势，通常利用专利对国内企业进行专利打压，使得中国本土企业长期被压制。中国政府必须采取一定的措施，改变这种局面，比如，主动攻击无效专利、打击专利滥用等形式，阻止国外企业的中国布局，避免产业安全受到较大冲击。另外，可以为国内本土企业之间建立互信平台，实现国内企业的专利联盟，对外来竞争进行防守反击。

第三，要提高本国企业掌握和运用专利制度的能力。企业可以实施"外围专利包围核心专利"的战略，通过非核心技术的专利申请增加来掣肘跨国企业，进而获得谈判的筹码，最后突破专利封锁；最终政府要推动离散专利向组合专利、外围专利向核心专利、国内专利向国内外专利等的转变。

第四，国家应该建立专门为国内企业服务的审批绿色通道，能够进行专利技术索引的基础性数据库，并在执法和诉讼过程中多了解国内企业的利益诉求。这些措施可以使得国内企业在专利竞争中获得有利地位。这些间接的歧视性政策，对于刚刚起步的国内企业而言是至关重要的，应用这些政策也能够在一定程度上避免国际纷争。

附录

附录1

专利年费计算参考表

人民币：元

	对应年度	第1～3年	第4～6年	第7～9年	第10～12年	第13～15年	第16～20年
发明专利	应缴年费（元）	900	1200	2000	4000	6000	8000
实用新型与外观设计	对应年度	第1～3年	第4～5年	第6～8年	第9～10年		
	应缴年费（元）	600	900	1200	2000		

资料来源：作者整理。

附录 2

中国专利申请流程与费用

人民币：元

费用种类	发明专利	费用种类	实用新型	外观设计
申请费	900	申请费	500	500
文件印刷费	50	权利要求附加费	150	150
说明书附加费	50 100	说明书附加费	50 100	50 100
权利要求附加费	150	优先权要求费每项	80	80
优先权要求费每项	80	著录事项变更手续费	200 50	200 50
审查费	2500	复审费	300	300
维持费	300	恢复权利请求费	1000	1000
复审费	1000	无效宣告请求费	1500	1500
著录事项变更手续费	200 50	强制许可请求费	200	
恢复权利请求费	1000	强制许可使用裁决请求费	300	
无效宣告请求费	3000	延长费：第1次 第2次	300 2000	300 2000
强制许可请求费	300	中止程序请求费	600	600
强制许可使用裁决请求费	300	登记印刷费	200	200
延长费：第1次 第2次	300 2000	印花费	5	5
中止程序请求费	600	检索报告费	2400	
登记印刷费	250	印花费	5	

资料来源：作者整理。

附录 3

国家级可申报项目与专利要求

项目名称	负责部门	政策优惠	专利要求
国家高新技术企业认定	科技部	所得税减免 10%	1个发明专利或6个实用新型
国家重点新产品计划项目	科技部	进入采购名单 无偿资助	专利数量居多占优
电子信息产业发展基金	工信部	无偿资助最高支持 400 万	专利数量居多占优
国家级创新型试点企业	科技部	定向政策支持；可承担国家项目	专利数量居多占优
国家级企业技术中心	发改委	资质认定类 允许承担创新能力建设项目（500 万～1000 万）	无要求，但是发明专利是计分项
中小企业发展专项资金	财政部 工信部	最高支持 400 万 一般项目支持最高 200 万	专利数量居多占优
十二五国家科技计划	科技部	国拨经费限 3000 万元以下	专利数量居多占优
国家火炬计划项目	发改委	按照申报子类区分 最高不超过国拨 1000 万	专利数量居多占优
专利示范单位	科委	重要企业资质	专利数量居多占优
国家级技术中心	经信委	重要企业资质	专利数量居多占优
专利试点单位	科委	重要企业资质	地方自定指标

资料来源：作者整理。

附录 4

天津市可申报项目与专利要求

项目名称	负责部门	政策优惠	专利要求
天津市科技型中小企业发展专项资金	天津市科委	贴息贷款 500/1000 万；周转资金 200 万	专利数量居多占优
天津市科技支撑计划项目	天津市科委	30 万、50 万、75 万、100 万	专利数量居多占优
天津市地方特色产业中小企业发展资金	天津市财政局	最高 200 万	专利数量居多占优
抗癌重大专项攻关计划	天津市科委	最高 2000 万	专利数量居多占优
专利示范单位	天津市科委	重要企业资质	专利数量居多占优
专利试点单位	天津市科委	重要企业资质	没规定，自己定指标
天津市级技术中心	天津市经信委	有资格申报国家级技术中心	无要求，但是发明专利是计分项
天津市企业重点实验室	天津市科委	重要企业资质	专利数量居多占优
信息安全专项	天津市经信委	最高 200 万	专利数量居多占优
滨海高新技术企业认定	滨海新区科学技术委员会	认定类，认定奖励 5 万	1 个发明或 3 个实用新型
自主创新重大平台与环境建设项目	滨海新区科学技术委员会	无偿资助，最高支持 300 万	专利数量居多占优
自主创新重大项目	滨海新区科学技术委员会	无偿资助最高支持 300 万	专利数量居多占优

续表

项目名称	负责部门	政策优惠	专利要求
"十大战役"重大科技支撑项目	滨海新区科学技术委员会	最高支持1000万	专利数量居多占优
科技发展战略研究计划项目	滨海新区科学技术委员会	最高支持50万	专利数量居多占优
知识产权激励	滨海新区科学技术委员会	按专利数量给予不同级别资助	至少1个
滨海新区科技小巨人成长计划项目	滨海新区科学技术委员会	60万、100万、200万、300万	专利数量居多占优
重大项目建设专项资金	滨海新区科学技术委员会	百万级	专利数量居多占优
战略新兴产业培育资金	滨海新区科学技术委员会	最高支持500万	专利数量居多占优
上市企业培育和奖励资金	滨海新区科学技术委员会	百万级	专利数量居多占优
外经贸和商业发展专项资金	滨海新区科学技术委员会	百万级	专利数量居多占优

资料来源：作者整理。

附录5

调查问卷（一）

下列句子描述了企业专利申请动机的情况，请您将贵企业的实际情况与下列描述进行比较，来选择您对该描述的认可（或不认可）程度。（其中 1 表示完全不符合，5 表示完全符合）

代码	请问贵企业申请专利的动机是什么	完全不符合	不符合	一般	符合	完全符合
1	保护自己的技术创新成果不被模仿	1	2	3	4	5
2	保护创新产品或创新工艺的国内市场份额	1	2	3	4	5
3	获得PCT专利，保护国外市场	1	2	3	4	5
4	提高自己的企业声誉	1	2	3	4	5
5	提高企业的技术形象	1	2	3	4	5
6	以便适用政府的优惠支持政策	1	2	3	4	5
7	得到风险投资或外部资本的支持	1	2	3	4	5
8	可以对外许可专利技术，获得许可收入	1	2	3	4	5
9	出售专利技术，获得技术研发的利润	1	2	3	4	5
10	获得与其他企业进行合作的筹码，提高谈判地位	1	2	3	4	5
11	激励企业的内部研发	1	2	3	4	5
12	形成保护核心技术的专利围墙，而不是将其商业化	1	2	3	4	5
13	阻挡竞争对手申请替代专利或相关专利	1	2	3	4	5
14	避免专利侵权诉讼	1	2	3	4	5
15	使自己的专利成为标准	1	2	3	4	5
16	控制竞争对手需要的技术，限制其竞争优势	1	2	3	4	5

附录6

调查问卷（二）

下列句子描述了企业对专利制度的各个政策变量的适应情况，请您将贵企业的实际情况与下列描述进行比较，来选择您对该描述所受的正面影响或者是负面的影响，以及受影响的程度。（其中1表示重要，5表示基本无影响）

代码	专利制度体系的各个环节	企业态度	重要	较为重要	一般	轻微	基本无影响
1	发明专利的申请标准	提高□ 降低□	1	2	3	4	5
2	实用新型的申请标准	提高□ 降低□	1	2	3	4	5
3	行政执法	加强□ 减弱□	1	2	3	4	5
4	法院起诉	方便□ 不方便□	1	2	3	4	5
5	专利的审查期限	时间长□ 时间短□	1	2	3	4	5
6	审查过程	严格□ 松散□	1	2	3	4	5
7	发明专利的保护范围	扩大□ 缩小□	1	2	3	4	5
8	实用新型的保护范围	扩大□ 缩小□	1	2	3	4	5
9	发明专利的保护期限	延长□ 缩短□	1	2	3	4	5
10	实用新型的保护期限	延长□ 缩短□	1	2	3	4	5
11	发明专利强制许可制度	合适□ 不合适□	1	2	3	4	5
12	实用新型的强制许可制度	合适□ 不合适□	1	2	3	4	5
13	专利授予原则	先申请□ 先发明□	1	2	3	4	5
14	发明专利披露规定	披露多□ 披露少□	1	2	3	4	5
15	实用新型披露规定	披露多□ 披露少□	1	2	3	4	5
16	专利费用	费用高□ 费用低□	1	2	3	4	5
17	专利制度的法庭审判	公平□ 不公平□	1	2	3	4	5

参考文献

[1] Adam B. Jaffe. Technological Opportunity and Spillovers of R&D: Evidence from Firms' Patents, Profits and Market Value[J]. NBER Working Papers , 1986: 1815.

[2] Albert G.Z Hu, Adam B. Jaffe. Patent Citations and International Knowledge Flow: The Cases of Korea and Taiwan[J]. NBER Working Papers, 2001: 8528.

[3] Almeida, P. Knowledge sourcing by foreign multinationals: Patent citation analysis in the US semiconductor industry[J]. Strategic Management Journal, 1996: 17.

[4] Almeida. P. Knowledge sourcing by foreign MNEs: patent citation analysis in the US semiconductor industry[J]. Strategic Management Journal ,1996, (17):155-165.

[5] Anselin L, Raymond JGM, Florax Sergio J.Rey. Advances in spatial econometrics: methodology, tools and applications Berlin[J]. Springer Verlag, 2004.

[6] Anselin, Luc. Spatial Econometrics: Methods and Models[J]. Kluwer Academic Publishers, 1988.

[7] Anthony Arundel, Isabelle Kabla. What percentage of innovations is patented? [J]. Research policy, 1998, 27(2):127-141.

[8] Anthony Arundel. The relative effective of patents and secrecy

for appropriation[J]. Research policy, 2001, 30(4): 611-624.

[9] Anthony Arundel, The relative effectiveness of patents and secrecy for appropriation [J]. Research Policy, 2001:611-624.

[10] Arora, A. Fosfuri and A. Gambardella, Markets for Technology and their Implications for Corporate Strategy[J]. Industrial and Corporate Change,2001, 10(2):419-451.

[11] Arrow, K.J. Economic Welfare and the Allocation of Resources for Invention [M]. Princeton: Princeton University Press, 1962: 382-385.

[12] Arundel, A. and Kabla, I. What percentage of innovations are patented? Empirical estimates fo European firms[J]. Research Policy, 1998: 127-141.

[13] Arundel, A. The relative effectiveness of patents and secrecy for appropriation[J]. Research Policy, 2001 :611-624.

[14] Assets, Appropriability Conditions and why U. S. Manufacturing Firms Patent (or not)[J]. National Bureau of Economic Research Working Paper, 2000,(105):7552-7553.

[15] Barney, Firm resource and sustained competitive advantage[J]. Journal of Management, 1991, (1):99-120.

[16] Bessen, J. and E. Maskin. Sequential Innovation, Patents and Imitation[J]. MIT Department of Economics, Working Paper No, 2000: 01.

[17] Bessen, J. and R.Hunt. An Empirical Look at Software Patents[J]. Journal of Economics & Management Strategy, 2007:157-189.

[18] Bin Xu, Eric P. Chiang. Trade, patents and intellectual technology diffusion[J]. Development Economics, 2005,78(2):529-547.

[19] Blind, K., Edler, J., Frietsch, R., and Schmoch, U. Motives to patent: empirical evidence from Germany[J]. Research Policy, 2006: 35, 5, 655-672.

[20] Blind.K., Edler.J. Frietseh, R., Schmoch,U. The patent upsurge in Germany: the outcome of a multi-motive game induced by large

companies. Working Paper presented at the 8th Schumpeter conference in Milano[J]. Fraunhofer Institute Systems and Innovation Research, 2004: 151.

[21] Borensztein E, Gregorio J, Lee J.W. How does foreign investment affect economic growth[J]. Journal of international economics, 1988,(45):115-135.

[22] Bound, J, Cummings, C.Griliches, Z., Hall, B.,Jaffe. Who does R&D and who Patents?[J]. University of Chicago Press,Chicago, 1984:21-54.

[23] Bronwyn H, RH Ziedonis. The patent paradox revisited: an empirical study of patenting in the US semiconductor industry, 1979—1995[J]. Rand Journal of Economics, 2001, (32):101-125.

[24] Brouwer, E. and Kleinknecht, A. Innovative output, and a firm's propensity to patent. An exploration of CIS micro data[J]. Research Policy, 1999：615-624.

[25] Bryan Mercurio. The Protection and Enforcement of Intellectual Property in China since Accession to the WTO: Progress and Retreat[J]. China perspectives, 2012(1):23-28.

[26] Caves R. Multinational firms, competition and productivity in host-country markets[J]. Economics, 1974:176-193.

[27] Caves, D. W., L. R. Christensen and W. E. Diewert. The Economic Theory of Index Numbers and the Measurement of Input, Output, and Productivity[J]. Econometrica, 1982: 1393-1414.

[28] Chen, Y. and T. Puttitanun. Intellectual Property Rights and Innovation in Developing Countries [J]. Journal of Development Economics, 2005：474-493.

[29] Chin, Judith and Grossman, Gene M. Intellectual Property Rights and North-South Trade[M]. A Copublication of the World Bank and Oxford University Press, 2005.

[30] Clark. Outline of modern industrial applications of economic

theory and public policy in [M]. Columbia University Press, 1907.

[31] Clegg, Jeremy and Cross, Adam R. Affiliate and non-affiliate intellectual property transactions in international business: an empirical overview of the UK and USA[J]. International Business Review, Elsevier, 2000: 407-430.

[32] Coe, David, Helpman, Elhanan, Hoffmaister, Alexander. North-South R&D spillovers[J]. The Economic Journal, 1997, (107): 134-149.

[33] Cohen, Nelson, JP Walsh. R&D spillovers, patents and the incentives to innovate in Japan and the United States[J]. Research. Policy, 2002,(31): 1349-1367.

[34] Cohen, W.M. and Levinthal, D.A. Absorptive capacity: a new perspective on learning and innovation[J]. Administrative Science Quarterly, 1990: 128-152.

[35] Covin, J.G and Slevin, D.P. A conceptual model of entrepreneurship as firm behavior[J]. Entrepreneurship Theory and Practice, 1991: 7-25.

[36] Crepon B.,Duguet E, Mairesse J. Researeh, innovation and productivtity: an econometric analysis at the firm level[J]. Economic innovation new technology, 1998:115-158.

[37] Crespo, Jorge, Martin, Carmela, Velazquez, Francisco. International technology diffusion through imports and its impact on economic growth[J]. European Economy Group Working Papers, 2002, (97): 5032-5033.

[38] Dahab, S. Technological Change in the Brazilian Agricultural Implements Industry[D]. unpublished Ph.D. dissertation, Yale University, New Haven, CT. 1986.

[39] Dasgupta P, Stiglitz J. Uncertainty, Industrial Structure and the Speed of R&D[J]. Princeton University, 1980.

[40] David T. Coe and Elhanan Helpman, International RD Spillovers[J]. European economics review,1995,(39):859-887.

[41] Dean, T.J. and Meyer, G.D. Industry environments and new venture formations in U.S. manufacturing: a conceptual and empirical

analysis of demand determinants[J]. Journal of Business Venturing, 1996: 107-132.

[42] Deardorff, Alan V. Welfare Effects of Global Patent Protection[J]. Economica, 1992: 35-51.

[43] Denicolo V. Patent Races and Optimal Patent Breadth and Length[J]. The Journal of Industrial Economics, 1996.

[44] Denicolò V. and Zanchettin P.. How Should Forward Patent Protection be Provided? [J]. International Journal of Industrial Organization, 2002: 801-827.

[45] Dunning J.H. and Narula R. eds. Foreign Direct Investment and Governments[M].. London and New York: Routledge, 1996.

[46] Eaton J, Kortum S. Trade in ideas: patenting and Productivity in ideas: patenting and productivity in the OECD[J]. Journal of International Economics, 1996, (40):251-278.

[47] Eaton J, Kortum, S. International technology diffusion, theory and measurement[J]. International Economic Review, 1999: 537-570

[48] Edwin L.C. Lai and Isabel K. Yan. International protection of intectual property: an empirical investigation[J].. NBER paper, 2010.

[49] Encaoua David, Guellec, Dominique, Martinez, Catalina. Patent systems forencouraging innovation: Lessons from economic analysis [J]. Research Policy, 2006, (9): 1423-1440.

[50] Engel GL, Radcliffe MF. Intellectual property financing for high-technology companies[J]. Uniform Commercial Code Law Joural, 1986.

[51] Engle R .F. and C.W.J. Granger. Cointegration and Error Correction: Representation, Estimation and Testing[J]. Econometrica, 1987, 55: 251-276.

[52] Evenson, Robert E. and Larry E. Westphal. Technological Change and Technology Strategy[J]. Handbook of Development Economics, 1995.

[53] Fagerberg J. Technology and international differences in growth rates[J]. Journal of Economic Literature, 1994.

[54] Fare R. and S.Grosskopf. Malmquist Productivity Indexes and Fisher Ideal Indexes[J]. Economic Journal , 1992: 158-160.

[55] Fare R.,Grosskopf S.,Norris M., and Zhang, Z.. Productivity growth, technical progress. and efficiency change in industrialized countries[J]. American Economic Review, 1994:66-83.

[56] Findlay R. Relative backwardness, direct foreign investment, and the transfer of technology—A simple Dynamic Model[J]. Quarterly Journal of Economics, 1978,(62):1-16.

[57] Freeman, C. The Economics of Industrial Innovation, 2nd edn. Cambridge MA: MIT Press., 1982.

[58] Gallini N,. Patent Length and Breadth with Costly Imitation[J]., Elsevier, 1992, 7(3): 419-436.

[59] Ginarte JC, Park WG. Determinants of patent rights: a cross-national study [J].Research Policy, 1997, 26: 283-301.

[60] Glass Amy Jocelyn, Saggi Kamal. Intellectual property right and foreign direct investment[J]. Journal of International Economics, 2002: 387-410.

[61] Granger, C. W. J. Investigating causal relations by econometric models and cross-spectral methods[J]. Econometrica, 1969: 424-438.

[62] Granger, C. W. J. and Newbold, P. Spurious regressions in econometrics[J]. Journal of Econometrics, Elsevier, 1974: 111-120.

[63] Green, J. and S. Scotchmer. On the Division of Profit in Sequential Innovation[J]. RAND Journal of Economics, 1995: 20-33.

[64] Griliches. R&D and the Productivity Slow down[J]. American Economic Review, 1980, 70(2): 343-348.

[65] Griliches, Z（Ed）. R&D, patents and productivity [M]. National Bureau of Economic Research University of Chicago Press, Chicago, 1994.

[66] Griliches, Z. Patent statistics as economic indicators: a survey[J]. Journal of Economic Literature, 1990: 1661-1707.

[67] Grossman, Gene M. and Lai, Edwin L.C. International Protection of Intellectual Property[J]. American Economic Review, 2004: 1635-1653.

[68] Hall, B., Ziedonis, R.H. The patent paradox revisited: an empirical study of patenting in the U.S. semiconductor industry[J]. RAND Journal of Economics, 2001,32: 101-128.

[69] Hausman, I. A.. B. H. Hail and Z. Griliches. Econometric Models for Count Data with an Application to the Patents Rftd Relationship[J]. Econometrica ,1984: 909-938.

[70] Heller, M.A. and Eisenberg, R.S. Can patents deter innovation? The anticommons in biomedical research[J]. Science, Vol.280, No.5364,1998: 698-701.

[71] Helpman. Innovation, imitation and intellectual property rights[J]. Econometrical, 1993(61):1247-1280.

[72] Holgersson, M. Intellectual property strategies and innovation: causes and consequences for firms and nations[J]. Chalmers University of Technology, 2011.

[73] Horstmann, I., MacDonald, GM, Slivinsky. Patents as Information Transfer Mechanisms: to Patent or (maybe) not to Patent[J]. Political Economy, 1985: 837-858.

[74] Hu Albert and Gary Jefferson. A great wall of patents: what is behind China's recent patent explosion? [J]. Journal of Development Economics, 2009, 90, (1): 57-68.

[75] Hu Shuijin. Intellectual Property Subject Refused to Deal [J]. Electronics Intellectual Property, 2005(7): 38-41.

[76] James Bessen and Michael J. Meurer. Patent Failure:How Judges, Bureaucrats, and Lawyers Put Innovators at Risk[M]. Princeton University Press, 2008.

[77] James J. Anton and Dennis A. Yao. Patents, Invalidity and the Strategic Transmission of Enabling Information[J]. Journal of Economics & Management Strategy, Wiley Blackwell, 2003, 12(2): 151-178.

[78] Jerry R. Green, Suzanne Scotchmer. On the Division of Profit in Sequential Innovation[J]. The RAND Journal of Economics, 1995, 26(1): 20-33.

[79] K. Zigic. Strategic trade policy, Intellectual property rights protection and North South trade[J]. Journal of Development Economics, 2000: 27-60.

[80] Keith E. Maskus. Intellectual Property Rights in the Global Economy[J]. Institute for International Economics，2000.

[81] Keller W. Knowledge spillovers at the World's Technology Frontier[J]. CEPR Working paper, 2001,(11):2816-2817.

[82] Klemperer P. How Broad Should the Scope of Patent Protection Be? [J]. Journal of Economics, 1998:1137-1167.

[83] Kokko A.Technology, Market Characteristic and Spillovers[J]. Journal of Development Economics,1994, (43): 279-293.

[84] Kortum S, Lerner. Stronger protection or technological revolution: what is behind the recent surge in patenting? [J]. Carnegie-Rochester Conference Series on Public Policy,1998,(48): 247-304.

[85] Kortum,S. Equilibrium R&D and the patent-R&D ratio: U.S. evidence[J]. The American Economic Review, 1993:450-457.

[86] Lai E.. International Intellectual Property Rights Protection and the Rate of Product Innovation[J]. Journal of Development Economics, 1998: 133-153.

[87] Lai, E. and Qiu. The North's International Intellectual Property Rights Standard for the South [J]. Journal of International Economics, 2003,59:183-209.

[88] Larry D. Qiu and Huayang Yu. Does the Protection of Foreign Intellectual Property Rights Stimulate Innovation in the US? [J]. Review

of International Economics, 2010, 18(5): 882-895.

[89] Lee T, Wilde L. Market Structure and Innovation: A Reformulation [J]. Quarterly Journal of Economics, 1980.

[90] Lei Yang. Intellectual Property, Quality Improvements and Exports: Theory and Empirical Evidence[D]. Colorado University, Dissertation for the Degree of Doctor of Philosophy, 2007.

[91] Lemley, M.A. Reconceiving patents in the age of venture capital[J]. Journal of Small and Emerging Business Law, 2000, 4: 137-148.

[92] Lerner. J. Patent protection and innovation over 150 years[J]. NBER Working Paper W8977, 2002.

[93] Levin A,L K Raut. Complementarities between export and human capital in economic growth: evidence from the semi-industrialized countries[J]. Economic Development and Cultural Change, 1997,(10):155-174.

[94] Levin R, Klevorick A, Nelson R, Winter S. Appropriating the Returns from Industrial Research and Development, 1987: 783–820.

[95] Lichtenberg F, Pottelsberghe, Potterie. International R&D spillovers: A Reexamination [J].NBER Working Paper, 1996, (3): 5688-5689.

[96] Loury G.C.. Market structure and innovation[J]. Quarterly Journal of Economics, 1979, 93: 395-410.

[97] M.S. Taylor. TRIPS, Trade, and technology transfer[J]. Canadian Journal of Economics, 1993: 625-637.

[98] Macdougall A. The benefits and costs of private investment from abroad: a theoretical approach[J]. Bulletin of the Oxford University Institute of Statistics,1960, (22): 189-211.

[99] Mansfield, E. Patents and innovation: an empirical study[J]. Management Science, 1986, 32: 173-181.

[100] Maskus. Intellectual Property Rights and Economic Development organized by Fredrick K[J]. Cox International Law Center at Case Western Reserve University, 2000.

[101] Matutes, C., P. Regibeau and K. Rockett. Optimal Patent

Design and the Diffusion of Innovations [J]. RAND Journal of Economics, 1996,27: 60-83.

[102] McCallum, John. National borders matter: Canada-U.S. regional trade patterns[J]. American Economic Review, 1995, (85):615-623.

[103] Merges, Robert P and Nelson, Richard R. On the complex economics of patent scope[J]. Columbia Law Review, 1990: 839-916.

[104] Michele Boldrin and David K. Levine. A World Without Intellectual Property? [M]. Cambridge University Press, 2010.

[105] Mikkelsen, K.W,. Inventive Activity in Philippines Industry [D]. unpublished Ph.D. dissertation, Yale University, New Haven, CT. 1984.

[106] Moser Peter. How Do Patent Laws Influence Innovation? Evidence from Nineteenth Century World's Fairs [J]. American Economic Review, 2005, 95:1214-1236.

[107] Nelson RR (ed.). In the rate and direction of inventive activity[M]. Princeton University Press, 1989.

[108] Nelson, Richard, Edmund Phelps. Investment in Humans, Technological Diffusion and Economic Growth[J]. American Economic Review, 1999, (61):724-756.

[109] Nicholas, T. Did R&D firms used to patent? Evidence from the first innovation surveys[J]. The Journal of Economic History, 2011: 1029-1056.

[110] Nordhaus William D. Invention, growth and welfare: A theoretical treatment of technological change[J]. Cambridge, MA: MIT Press, 1969.

[111] Nordhaus W. Invention, Growth and Welfare: A Theoretical Treatment of Technological Change[J]. MIT Presa, Cambridge, 1969.

[112] O'Donoghue, Ted, Josef Zweimüller. Patents in a Model of Endogenous Growth[J]. Journal of Economic Growth, 2004, 9(1): 81-123.

[113] OECD. Compendium of Patent Statistics[R]. Paris, (2003c).

[114] OECD. Genetic Inventions, IPRs and Licensing Practices: Evidence and Policies[R]. OECD, Paris, (2003a).

[115] OECD. Turning Science into Business: Patenting and Licensing at Public Research Organisations[R]. Paris, (2003b).

[116] Outward Foreign Direct Investment from China's Transitional Economy[J]. Europe-Asia Studies, 2001, 53(8):1235-1254.

[117] P H Schneider. Intemational trade, economic growth and intellectual property rights. A panel data study of developed and developing countries[J]. Journal of Development Economics, 2005,78(2): 529-547.

[118] Pakes, A. and Z. Griliches,. Patents and R&D at the Firm Level: A First Look[M]. Chicago: University of Chicago Press, 1984: 55-72.

[119] Patricia Higino Schneider. Intemational trade, economic growth and intellectual property rights: A panel data study of developed and developing countries[J]. Journal of Development Economic, 2005:529-547.

[120] Paul, Klemperer. How broad should the scope of patent protection bee [J]. The RAND Journal of Economics, 1990, 21(1): 113-130.

[121] Peri Giovanni. Knowledge flows, RD spillovers and innovation [M]. Davis Manuscript: University of California, 2002.

[122] Peri, Giovanni. Knowledge Tlows, R&D Spillovers and Innovation [C]. University of California at Davis Manuscript, 2003.

[123] R. W. Jones and A. O. Krueger eds. The political economy of international trade[M]. Cambridge, Basil Blackwell Publishers, 1990: 90-107.

[124] R.Nelson and S.Winter. An evolutionary theory of economic change by Nelson and Winter[M]. Harvard University Press, 1982.

[125] Rebecca S. Eisenberg, Patents and the Progress of Science:

Exclusive Rights and Experimental Use[J]. University of Chicago Law Review, 1989.

[126] Richard, Gilbert and Carl, Shapiro. Optimal patent length and breadth [J]. The RAND Journal of Economics, 1990,21(1): 106-112.

[127] Sakakibara, M, Branstetter, L.. Do stronger patents induce more innovation? Evidence from the 1988 Japanese Patent Law Reforms[J]. RAND Journal of Economic, 2001:77-100.

[128] Scherer, F.M. Firm size, market structure, opportunity and the output of patented inventions[J]. The American Economic Review, 1965:1097-1125.

[129] Scherer. The propensity to patent[J]. International Journal of Industrial Organization, 1983: 107-128.

[130] Schumpeter, J.A. The Theory of Economic Development: An Inquiry into Profits, Capital, Credit, Interest and the Business Cycle[J]. Cambridge, Harvard University Press, 1934.

[131] Shapiro, C. Navigating the patent thicket: cross licenses, patent pools and standard setting [M]. In: Jaffe, A., Lerner, J., Stern, S. (Eds.), Innovation Policy and the Economy, vol. 1. National Bureau of Economic Research and MIT Press, Cambridge. 2000.

[132] Sheehan, J, D. Guellec and C. Martinez. Business Patenting and Licensing: Results from the OECD/BIAC Survey[R]. in Patents Innovation and Economic Performance, proceedings of the OECD conference on IPR, Innovation and Economic Performance, 2003:28-29.

[133] Solow. Technical Change and the Aggregate Production Function[J]. The Review of economics and statistics, 1957: 312-320.

[134] Sun, Y. Determinants of foreign patents in China, World Patent Information[J]. World Patent Information, 2003: 27-37.

[135] Taylor. TRIPS, Trade and technology transfer[J]. Canadian Journal of Economics, 1993: 625-637.

[136] Teece, D.J. Profiting from technological innovation:

implications for integration, collaboration, licensing and public policy[J]. Research Policy, 1986: 285-305.

[137] Todonghue, J. Zweimuller. Patents in a model of endogenous growth[J]. Journal of Economic Growth, 2004,(1):81-123.

[138] Wagner P R, Parchomovsky G. Patent portfolios[R]. Pennsylvania: School of Law and University of Pennsylvania, 2004.

[139] Xiangdong Chen, Nili Ha, Xin Niu. Impact of IPR System on Patent based Innovation in China: Empirical Studies over Chinese Patent Reform in 2000 [J]. Innovation Management and Industrial Engineering, 2011.

[140] Young A. Learning-by-doing and the dynamic effects of international trade[J]. Quarterly Journal of Economics, 1991,(5): 369-405.

[141] Zellner A. An Efficient Method of Estimating Seemingly Unrelated Regression Equations and Tests of Aggregation Bias[J]. Journal of the American Statistical Association, 1962: 500-509.

[142] Zellner, A. and D. S. Huang. Further properties of efficient estimators for seemingly unrelated regression equations[J]. International Economic Review, 1962: 300-313.

[143] Zheng Ying. Intellectual Property Issues on Technical Standards [J]. World Standards Information, 2006(12): 72-79.

[144] Zhu, X. and Liang, Z. (2006a). Patenting behavior of MNCs in China: an analysis based on panel data, 15th International Conference on Management of Technology (IAMOT 2006), East Meets West: Challenges and Opportunities in Era of Globalization, 2006: 22-26, Beijing.

[145] Zhu, X. and Liang, Z. (2006b). Technology innovative capabilities of China's automobile industry: a patent perspective, in Hu, S.H., Yan, J.D. and Hou, R.Y. (Eds.). Proceedings of the 2006 International Conference on Auto Industry Innovation, pp.1-6, Hubei Peoples Press, Wuhan.

[146] 陈琼娣，余翔. 国外在华发明专利格局与技术结构研究——基于1993—2007年国外在华发明专利数据的分析[J]. 情报杂志，2009（6）.

[147] 崔喜君. 国外专利申请的技术溢出效应研究[D]. 山东理工大学，2007.

[148] 道格拉斯C.诺思. 经济史中的结构与变迁[M]. 上海：三联出版社，1991.

[149] 龚荒，王元地. 中国专利制度与经济增长关系的实证研究[J]. 科技管理研究，2008（01）：179-181.

[150] 郭孝刚，刘思峰，方志耕. 国外技术扩散对我国制造业研发活动的影响[J]. 科技进步与对策，2008（05）：69-71.

[151] 韩玉雄，李怀租. 知识产权保护对社会福利水平的影响[J]. 世界经济，2003（09）：69-80.

[152] 韩玉雄，李怀祖. 关于中国知识产权保护水平的定量分析[J]. 科学学研究，2005（06）：377-382.

[153] 黄凯南. 主观博弈论与制度内生演化[J]. 经济研究，2010（04）：134-146.

[154] 黄瑞华，祁红梅，彭晓春. 基于合作创新的知识产权共享伙伴选择分析[J]. 科学与科学技术管理，2004（11）：24-28.

[155] 寇宗来，张剑. 专利保护宽度、非侵权模仿和垄断竞争[J]. 世界经济，2007（01）.

[156] 赖明勇，许和连，包群. 出口贸易与经济增长——理论、模型及实证[M]. 上海：三联书店出版社，2006（09）.

[157] 李琳. 警惕跨国公司滥用知识产权[J]. 科学决策，2005（12）：56-58.

[158] 李平，崔喜君. 进口贸易与国外专利申请对中国区域技术进步的影响[J]. 世界经济研究，2007（01）：28-32.

[159] 李平，刘建国. FDI、国外专利申请与中国各地区的技术进步——国际技术扩散视角的实证分析[J]. 国际贸易问题，2006（7）：99-104.

[160] 李平, 孙灵燕. 国外专利申请对技术进步的影响——基于中国各地区面板数据的分析[J]. 经济经纬, 2007（01）：40-43.

[161] 李杏. 外商直接投资技术外溢吸收能力影响因素研究[J]. 国际贸易问题, 2007（12）：79-86.

[162] 林毅夫. 发展战略、自生能力和经济收敛[J]. 经济学季刊, 2002（1）.

[163] 刘林青. 专利丛林、专利组合和专利联盟[J]. 研究与发展管理, 2006（8）：84-89.

[164] 刘小青, 陈向东. 外国权利人在华专利申请动机研究[J]. 北京航空航天大学学报, 2010（06）：65-68.

[165] 毛昊. 关于 2002 年一份德国企业专利统计调查问卷结果的思考[J]. 专利统计简报, 2008（20）：1-12.

[166] 裴宏, 徐进, 汤姆逊. MP3 专利城门起火[N]. 中国知识产权报, 2005（11）.

[167] 平新乔, 尹静. 假冒生产对专利制度的伤害[J]. 经济研究, 2004（11）.

[168] 亓朋, 许和连, 艾洪山. 外商直接投资企业对内资企业的溢出效应：对中国制造业企业的实证研究[J]. 管理世界, 2008（04）：58-68.

[169] 青木昌彦. 比较制度分析[M]. 上海：上海远东出版社, 2001.

[170] 任声策, 宣国良. 国外企业的专利行为分析[J]. 情报科学, 2006（09）：1286-1291.

[171] 宋河发. 全球最大 500 家跨国公司在华专利战略的特点、问题与对策[J]. 中国科技论坛, 2005（11）：70-74.

[172] 隋广军, 申明浩, 宋剑波. 基于专利水平地区差异的高科技产业化问题研究[J]. 管理世界, 2005（08）.

[173] 王红领, 李稻葵, 冯俊新. FDI 与自主研发：基于行业数据的经验研究[J]. 经济研究, 2006（02）：44-65.

[174] 王晖. 国外直接投资对我国技术创新的影响——基于专利

角度分析[J]. 经济问题，2006（11）：25-26.

[175] 王新华. 跨国公司专利战略分析及应对策略构建[J]. 对外经贸实务，2004（07）：29-32.

[176] 王永进，盛丹，施炳展，李坤望. 基础设施如何提升了出口技术复杂度?[J]. 经济研究，2010（07）：103-115.

[177] 吴敬琏. 制度重于技术——论发展我国高新技术产业[J]. 经济社会体制比较，2001（3）.

[178] 吴凯，蔡虹，蒋仁爱. 中国知识产权保护与经济增长的实证研究[J]. 科学学研究，2010（12）：1832-1836.

[179] 冼国民，薄文广. 外国直接投资对中国企业技术创新作用的影响：基于产业层面的分析[J]. 南开经济研究，2005（06）：22-35.

[180] 谢光亚，王之惠，王宇. 跨国公司在华专利战略的变化研究[J]. 科技管理研究，2006（05）：61-64.

[181] 许春明，单晓光. 中国知识产权保护强度指标体系的构建及验证[J]. 科学学研究，2008（4）：716-725.

[182] 寻舸. 论跨国公司的技术扩散效应及对我国的启示[J]. 科技创业月刊，2004（03）：41-42.

[183] 杨海，余峰. 论我国企业对国际失效专利的利用[J]. 科技情报开发与经济，2005（19）：193-194.

[184] 杨小凯，张永生. 新兴古典经济学与超边际分析[M]. 北京：社会科学文献出版社，2003.

[185] 杨中楷，孙玉涛. 外国在华专利申请影响因素实证分析[J]. 科技管理研究，2008（12）：455-457.

[186] 姚利民，饶艳. 中国知识产权保护的水平测量和地区差异[J]. 国际贸易问题，2009（01）：114-120.

[187] 叶裕民. 全国及各省区市全要素生产率的计算和分析[J]. 经济学家，2002（03）：115-121.

[188] 易先忠，张亚斌，刘智勇. 自主创新、国外模仿与后发国知识产权保护[J]. 世界经济，2007（03）：31-40.

[189] 易先忠，张亚斌. 技术差距、知识产权保护与后发国技术

进步[J]. 数量经济技术经济研究, 2006（10）: 111-121.

[190] 俞文华. 韩国在华发明专利申请格局、技术结构与比较优势及政策含义[J]. 中国科技论坛, 2007（07）: 132-140.

[191] 俞文华. 美国在华技术比较优势演变及其政策含义——基于1985—2003年美国在华职务发明专利申请统计分析[J]. 科学研究, 2008（01）: 98-104.

[192] 张洪吉, 毛昊. 中外在华职务发明专利申请的比较研究[J]. 中国科技论坛, 2007（06）: 129-133.

[193] 张军, 吴桂英, 张吉鹏. 中国省际物资资本存量估算: 1952—2000[J]. 经济研究, 2004（10）.

[194] 赵彦云, 刘思明. 中国专利对经济增长方式影响的实证研究: 1988—2008年[J]. 数量经济技术经济研究, 2011（04）.

[195] 朱东平. 外商直接投资、知识产权保护与发展中国家的社会福利[J]. 经济研究, 2004（01）: 25-31.

[196] 朱平芳, 徐伟民. 上海市大中型工业行业专利产出滞后机制研究[J]. 数量经济技术经济研究, 2005（09）.

[197] 朱平芳, 徐伟民. 政府的科技激励政策对大中型工业企业R&D投入及其专利产出的影响——上海市的实证研究[J]. 经济研究, 2003（06）.

[198] 朱雪忠, 詹映, 蒋逊明. 技术标准下的专利池对我国自主创新的影响研究[J]. 科研管理, 2007（02）: 180-186.

[199] 邹武鹰, 亓朋, 许和连. 出口贸易对我国技术创新的影响效应研究[J]. 湖南大学学报（社会科学版）, 2007（04）: 57-63.

[200] 中山信弘. 工业所有权法（上）, 特许法（第2版）[M]. （日文）弘文堂出版社, 1998: 392.

后 记

鉴于本人的能力有限,本书的写作难免存在着不足之处,但是我本着严谨认真的研究态度,在导师的指导下,通过自己的努力,独立地完成了本书的撰写工作。现在,著作的写作已经接近尾声,感觉身上的负担已经越来越轻,本以为会是卸下重担后无比的轻松和喜悦,谁知此时心情早已平淡。

蓦然回首,一幕幕艰辛的求学历程和孤寂潦倒的生活浮现眼前,无尽感慨的同时,涌上心头的却是沉甸甸的感恩之情。

深深地感谢我的博士生导师张诚教授。在南开大学就读博士期间,张老师给予了我殷切的教诲和无微不至的关怀。张老师待人诚恳、宽厚朴实,专业功底深厚,对于学术一丝不苟,不仅时常给我以教益、鞭策和激励,同时也使我有充分的自由空间去发挥自己之所长。老师的传授之恩与真挚的感情,必将令我铭记一生。

饮水思源,感谢我的硕士导师刘小军教授。刘老师在我人生最黯淡的时期,给予我鼓励和帮助,有"雪中送炭"之情。自从湖南大学本科毕业之后,转入天津商业大学攻读硕士学位,期间各种不如意,刘老师一直对我非常关爱,使我最终有勇气和决心面对自己的人生。

另外,感谢南开大学的盛斌教授。盛老师在生活上和学习上也曾给予我很大的关心和帮助。盛老师鼓励我好好完成学业,经常询问我论文发表情况,对我的期望很高。而我却辜负了盛老师对我赏识,惭愧不已。

冼国明教授、蒋殿春教授、戴金平教授、李荣林教授、邱立成教授、葛顺奇教授、张晓峒教授、宫占奎教授等在专业知识及理论学习中给予我不倦的教导,令我终生受益,同时为本书的写作打下了坚实的基础。在此,向诸位老师表达谢意!

最后,以无言的方式表达对我父母的感谢!